现代养猪前沿科技与实践应用丛书

人工授精站

种公猪的营养与饲养管理

彭　健　魏宏逵◎主编

中国农业出版社
北　京

图书在版编目（CIP）数据

人工授精站种公猪的营养与饲养管理 / 彭健，魏宏逵主编. —北京：中国农业出版社，2021.10
（现代养猪前沿科技与实践应用丛书）
ISBN 978-7-109-28848-5

Ⅰ.①人…　Ⅱ.①彭…②魏…　Ⅲ.①种猪－遗传育种②种猪－饲养管理　Ⅳ.①S828.02

中国版本图书馆 CIP 数据核字（2021）第 209138 号

中国农业出版社出版
地址：北京市朝阳区麦子店街 18 号楼
邮编：100125
策划编辑：周晓艳　弓建芳
责任编辑：周晓艳　弓建芳
版式设计：杜　然　　责任校对：沙凯霖
印刷：北京通州皇家印刷厂
版次：2021 年 10 月第 1 版
印次：2021 年 10 月北京第 1 次印刷
发行：新华书店北京发行所
开本：700mm×1000mm　1/16
印张：12　　插页：8
字数：220 千字
定价：98.00 元

编写人员

主　编　彭　健　魏宏逵

编　者（按姓氏笔画排序）

王　超　李家连

贺　斌　钱　平

彭　健　谭家健

魏宏逵

PREFACE 前言

公猪品质的优劣对猪群的性能水平和养猪生产效益至关重要。随着人工授精技术体系的不断完善，以及养猪业对生物安全和生产效益要求的不断提升，建设专业化的猪人工授精站已经成为支持养猪业健康发展的重要保障。对于人工授精站种公猪而言，合理的营养供给和饲养管理是保证其发挥优秀的遗传价值的重要基础，也是影响猪人工授精站生产和盈利水平的重要方面。

人工授精站种公猪需要具有优秀的遗传品质、安全品质和精液品质。种公猪在进入人工授精站后需经历隔离驯化后才可用于精液生产。种公猪的精液生产包括精液采集与传递、品质检测、稀释与分装等环节。为保障优质安全精液的生产，需要了解公猪繁殖生理基础知识；合理规划建设猪人工授精站；掌握种公猪在不同阶段的营养需要、饲喂技术和生产管理要点；掌握精液生产加工流程。值得指出的是，在现代种公猪人工授精站的生产和管理中，还要重视生产数据的记录和分析，建立以数据指导生产管理决策的意识。此外，还要建立严格的生物安全制度，掌握常见疾病的预防和治疗。

当前国内外还没有专门针对人工授精站种公猪营养和饲养管理的著作出版。本书基于作者多年从事公猪营养和管理研究的成果和经验，同时结合国内外最新的研究进展，较为全面地介绍了公猪生殖系统解剖与生理、人工授精站规划设计、人工授精站种公猪的营养与饲养、人工授精站的生产管理、人工授精站种公猪精液生产、种公猪站生产数据管理、种公猪站生物安全与疾病防控等内容。希望本书能给广大从事猪人工授精站的管理人员，以及从事种公猪饲养管理的一线从业者提供参考。

本书的写作和出版得到了国家生猪产业技术体系的支持，由华中农业大学彭健教授组织，魏宏逵、贺斌、谭家健、李家连、钱平、王超等专家共同编撰而成。中国农业出版社周晓艳等编辑为本书的出版付出了辛勤的劳动，在此一并表示衷心的感谢！

由于作者的水平有限，加上本领域的发展迅速，书籍内容涉及的学科范围较广，书中难免有错漏或不妥之处，敬请广大读者批评指正。

编　者

2021 年 8 月

CONTENTS 目录

第一章
绪　论

公猪的优劣对母猪的繁殖性能和商品猪的生长性能均具有重要影响。随着人工授精技术的普及率不断提升，公猪的影响力越发突显。当前，不论是提高养殖生产效率，还是提高猪场生物安全等级，或是推动全国生猪遗传改良，均对建设场外专业化的猪人工授精站有重要需求。人工授精技术体系的不断成熟、猪舍和设施设备的不断改进和完善也为建设优秀的猪人工授精站提供了重要支撑。我国猪人工授精站发展态势良好，在建设硬件条件优秀的人工授精站的基础上，还需要重点关注公猪的饲养和管理，从公猪的选择和引入环节开始，确保具有优秀的遗传品质、安全品质和精液品质的公猪引入人工授精站，充分发挥其种用价值，生产优质精液，是猪人工授精站公猪饲养和管理的重要目标。

第一节　猪人工授精站概况及建设和管理要点

猪人工授精站是指通过引进和饲养优良种公猪，生产优质精液的生产单位。建设高水平的猪人工授精站能充分发挥优秀公猪的利用效率，减少疾病传播风险，降低配种成本，而且是促进我国良种繁育体系建设的重要抓手，对于我国实现猪肉的稳产保供，推动养猪业的转型升级具有重要意义。目前，我国猪人工授精站发展迅速，出现了社会化供精的发展态势，涌现了一批高水平的猪人工授精站。

一、猪人工授精站建设意义及发展概况

（一）猪人工授精站建设意义

近二十几年来，随着猪人工授精技术的提升和配套体系的不断完善，我国人工授精的普及率显著提升。目前，猪人工授精的优势，如充分利用优良种公猪、降低生物安全风险、降低配种成本等已经被广泛认可。因此，众多的规模化养猪场内建设了专门的公猪舍，用于人工授精的公猪基本以自留为主。一些小规模生产者使用的种公猪并没有经过严格的性能测定和选择，而且对种公猪也缺乏合理的培育和管理，种公猪质量不高，导致各场实际种公猪数量远远高于理论水平，严重影响了生猪繁育体系的效益；也有部分生产者从外购买优秀公猪，但却面临着引入疾病的风险。另外，还有部分散养户不具备单独饲养公

猪的条件。

因此，建设独立的种公猪站，提供优质安全的猪精液产品对满足不同生产者的需求均具有重要意义。对于大型集团化公司，可依托其育种体系，或与优秀的育种公司合作，将经过严格性能测定和选择的优秀公猪在种公猪站集中饲养，通过专业化的猪精液生产为母猪配种提供优质精液，充分发掘优秀公猪的遗传潜力，降低配种成本，提高生产成绩。对于规模化养殖公司可免去培育公猪的成本和引种带来的生物安全风险，同时获得更低的配种成本和优秀的生产性能。对于散户而言，如果能被人工授精站的服务范围覆盖，无疑也将在生产性能和生物安全上受益。

另外，从生猪产业发展来看，搭建遗传交流和联系，实现区域性的联合育种，也必须依托于人工授精站。因此，建设猪人工授精站将对生猪产业整体水平提升有积极的意义。

（二）猪人工授精站发展概况

在丹麦、美国、加拿大等养猪发达国家，商业化人工授精率占 50%～90%，种公猪精液年均产量在 1 000 头份以上。在美国，公猪站规模多数为存栏 100～500 头公猪，且存栏规模 200 头以上的公猪站呈增长趋势，100 头或者更少公猪的公猪站逐渐减少。这些人工授精站大多建立了自身完善的育种体系，或与优秀的育种公司密切合作，保障了人工授精站公猪的遗传品质。

随着国内养殖企业的规模不断扩大，出于生物安全等方面的考虑，众多大型养殖企业建立了人工授精站，供公司内部的养猪生产使用。此外，从 2007 年国家实施良种补贴项目开始，人工授精的普及率不断提高，我国建立了大批专门从事优良种猪精液生产和销售的人工授精站，大型或超大型公猪站发展速度快，服务更加专业化，猪人工授精站出现产业化趋势，涌现了如广西贵港秀博基因科技股份有限公司、史记（中国）种猪育种国际集团和上海祥欣畜禽有限公司等存栏公猪超过 1 000 头的专业化人工授精站，其从建设、管理和精液生产上均具有较高水平。

2019—2020 年对中国存栏量超过 100 头的猪人工授精站的不完全统计发现，300 头公猪以下规模公猪站占所搜集样本比例的 71%，而 300 头公猪规模（含 300 头）所占比例为 29%。从地域分布情况上看，广西人工授精站的公猪最多达到了 4 736 头，超过 2 000 头存栏量的还有安徽、湖北和辽宁。生猪出栏量较大的河南和四川人工授精站公猪存栏量为 1 500 头左右。从数据上可以看出，目前我国公猪存栏量大于 100 头的专业化人工授精站能够覆盖的母猪比例仍较低，而且存在明显的地域间发展不平衡的现象。

二、猪人工授精站建设与管理要点

（一）猪人工授精站建设要点

种公猪站的选址不仅要考虑疫病防控要求、生态环保要求、地形地势要求，而且还要考虑交通、水源、电力供应等条件。此外，要做好种公猪站的选址，还要在明确现有运输和物流体系下的猪精覆盖半径的基础上，了解周边母猪群的规模、距离以及区域内母猪场人工授精应用、公猪饲养现状等，根据这些因素，选择生物安全条件好、远离居民聚集区的场地建设种公猪站。

在人工授精站的规划和布局上，需要重点考虑生物安全问题。合理安排场外区、缓冲区和场内区。通过场外区和缓冲区的清洗、消毒来降低疾病传入的风险。在场内区域应合理规划生产公猪舍、后备公猪舍的规模，通过生产公猪舍、后备公猪舍、实验室和生活区的合理布局，降低疾病在场内传播的风险，保障精液的安全品质。

在猪舍建设和设施设备配备方面，应充分考虑生产优质、安全精液的需求。公猪站最佳的环境控制对种公猪精液质量、日常饲喂营养需求、控制环境细菌生长、促进健康以及减少四肢跛行等方面影响显著。因此，正压空气过滤、除臭和空调系统等先进的环境控制系统已在众多人工授精站中被采用。此外，饮用水超滤系统、自动采精和气动传输系统、GMP 标准（10 万级）精液生产车间的应用，也对保障优质安全精液的生产起到了重要作用。另外，还应该特别注意公猪舍的公猪栏圈的适宜面积和地板条件，有条件的话可以配套环形运动场供公猪活动，以降低公猪肢蹄病的发生。有关猪人工授精站建设的详细内容见本书的第三章。

（二）猪人工授精站的管理要点

人工授精站的重要任务是生产优质安全的猪精。猪精的生产过程包括精液的采集、精液品质检测、精液稀释和分装。在生产过程中应建立质量控制标准。公猪是人工授精站最重要的生产资料，公猪在进入人工授精站前需经过测定和选择，以及主要病原的检测，并且需要经过至少 4 周的隔离才能进入生产群。在隔离过程中还需完成采精调教等工作。将优秀、无特定病原携带的公猪选入生产群，并尽可能地降低其因为肢蹄病等问题导致的异常淘汰，是人工授精站公猪生产管理的重要目标。为完成此目标，需要做好公猪饲养管理、精液生产管理、数据管理，以及生物安全和疾病控制等环节。这些内容将在本书的第五章至第八章分别介绍。

需要特别指出的是，公猪的营养和饲养对于精液的生产有重要影响。尽管公猪对猪群的性能具有举足轻重的作用，但由于其在猪场的群体中数量极少，所以过去公猪的营养和饲养并没有得到足够的重视。有关公猪营养需要的研究和标准的报道较少，甚至在 NRC（2012）中的公猪营养推荐仍主要参考的是30～50 年前的研究。公猪的饲养目标是控制其适宜的生长速度和合适的体况，并维持良好的性欲、精液产量和品质，降低肢蹄病的发生，从而获得较好的种用年限。本书的第四章将基于种公猪的能量需要估计模型比较，提出合适的估计方法，并结合最新的公猪适宜的增重目标，介绍种公猪的饲喂模式和饲喂量。此外，还将比较不同来源的公猪营养需要量推荐，介绍种公猪的营养调控研究进展。

第二节　人工授精站公猪的品质要求及公猪的选择和引入

从国外具有较高人工授精水平国家的经验看，提高种公猪的遗传品质和精液品质是提高人工授精的覆盖率，进而提高生猪产业养殖效益的关键。用于人工授精的公猪必须具有以下品质：优秀的遗传品质，即种猪本身的生产性能和繁殖性能必须优秀；优秀的生物安全品质，即不携带任何可传播的病原；优秀的精液品质，即能尽可能多地生产出品质合格的精液，并能使与配母猪获得良好的繁殖性能。人工授精站的公猪必须经过性能测定才能引进，在引进的过程中要严把生物安全关。

一、人工授精站公猪的品质要求

（一）遗传品质

具有优良遗传品质的种公猪是猪人工授精站的核心竞争力之一。只有遗传品质优秀的公猪才能保证精液基因品质的优秀，才能提升后代猪群的生产性能。一般而言，拥有完善育种体系的公司会将选择指数排名前列的种猪引入站。

近年来，我国人工授精站种公猪的遗传品质得到了较大提升。2019 年对102 家人工授精站 26 300 头公猪的性能测定结果分析发现，较国家核心场的种猪性能测定值相比，人工授精站公猪的性能测定结果较优。具体而言，除大白公猪 100kg 体重的背膘与国家核心场的种猪性能测定值相当外，各品种的其他测定指标均优于国家核心场的种猪性能测定值。但值得注意的是，人工授精站公猪的性能测定数据变异系数大，表明不同场之间的性能水平可能存在较大差异（表 1-1）。

（二）安全品质

精液可传播伪狂犬病、猪瘟、口蹄疫、猪蓝耳病和圆环病等病毒性烈性传染病，也可以传播由葡萄球菌、埃希菌、假单胞菌、克雷伯菌、柠檬酸菌、微球菌和真细菌等引起的疫病。如果进入人工授精站的公猪携带以上病原，不仅可能引发疾病传播，而且可能通过精液向更多的群体传播。因此，人工授精站的公猪应该保证有良好的安全品质。

（三）精液品质

精液品质不仅会影响母猪的繁殖性能，而且会直接影响商业化人工授精站的经济效益。需要注意的是，具有优秀遗传品质和安全品质的公猪不一定意味着其就一定具备了优秀的精液品质。由于在选择公猪时往往不太可能测定其精液品质，而通过观察生殖器来选择也缺乏与精液品质的直接关联。因此，建立基于精液品质的公猪选择方法十分必要。当公猪进入生产群后应关注其精液品质数据，对于连续 2 个月内精液利用率低于 20%的个体应及时淘汰。

另外还需要指出的是，优秀的精液品质也不完全等同于优秀的繁殖力。建立完善的配种数据和繁殖性能跟踪体系，将有助于鉴别繁殖力差的个体或血统，及时予以淘汰。

二、人工授精站公猪的选择和引入

（一）公猪的选择

为保障生物安全，猪人工授精站应尽可能从单一猪场引种。提供公猪的猪场最好是生物安全体系健全、生物安全系数高的国家级或省级种猪场，并能提供种畜禽生产经营许可证、动物防疫合格证、营业执照、当地防疫部门提供的非疫区证明、引种证明、消毒证明、种畜禽质量合格证明、引进的品种、个体耳号、出生年龄、完整的个体系谱、性能测定、免疫档案等资料。

猪人工授精站需要根据自身的生产情况，制定公猪引入计划。在正式引入

表 1-1　我国存栏公猪 100 头以上的人工授精站公猪与国家种猪性能测定情况

	人工授精站公猪性能测定									国家种猪性能测定					
	100kg 体重日龄，d			测定期日增重，g			100kg 体重背膘厚，mm			100kg 体重日龄，d			100kg 体重背膘厚，mm		
	平均数	标准差	变异系数，%	平均数	标准差	变异系数，%	平均数	标准差	变异系数，%	平均数	标准差	变异系数，%	平均数	标准差	变异系数，%
杜洛克	151.28	13.70	9.05	900.63	117.07	13.00	9.59	2.03	21.12	162.52	2.62	1.61	10.42	0.22	2.08
大白	154.02	9.79	6.35	881.80	115.02	13.04	10.57	1.19	11.28	164.79	2.05	0.97	10.55	0.14	1.30
长白	154.05	13.58	8.82	881.71	117.80	13.36	10.54	1.53	14.49	164.20	2.30	1.40	10.72	0.20	1.86

资料来源：修改自孙德林等（2020）。

公猪前至少 4 周到供种场进行选择。选择的群体需是经过留种选择的群体，应根据选择指数或测定性能选择排名靠前的公猪。同时还需结合外貌选择，公猪应满足肢蹄结实、结构匀称；腹线平直、背平直而宽，无明显的弓背或塌背；睾丸发育正常、左右对称；无明显的包皮积尿，性欲强等要求。

（二）公猪的引入

种公猪必须健康，对引进的种公猪必须进行相关病原的检测，确认为阴性。从外引入种公猪须在隔离舍隔离饲养至少 4 周，同时对相关病原进行检测 1～2 次，确认为阴性。在此期间，还需对隔离公猪进行全群免疫。

第二章 公猪生殖系统解剖与生理

公猪在生殖过程中最主要的任务是产生具备受精能力的精子。精子的存活和运动需要液体环境即精清；精子与精清共同构成精液。精液在输精管道和交配器官的作用下，进入雌性生殖道，与卵子进行受精。此外，公猪生殖过程还依赖于机体的神经、体液调节系统的调控。因此，公猪的繁殖过程依赖于多个器官共同协调完成，并受到内、外环境等多方面因素的影响。

第一节　公猪生殖系统的组成与发育

公猪生殖系统由睾丸、附睾、输精管、尿生殖道、精囊腺、前列腺、尿道球腺、阴茎和阴囊组成（图 2-1 和彩图 1）。其中，睾丸是性腺；附睾、输精管和尿生殖道是输精管道；精囊腺、前列腺和尿道球腺是副性腺；阴茎是交配器官；阴囊是包裹睾丸的部位，位于体外。公猪生殖系统的发育包括出生前和出生后发育。

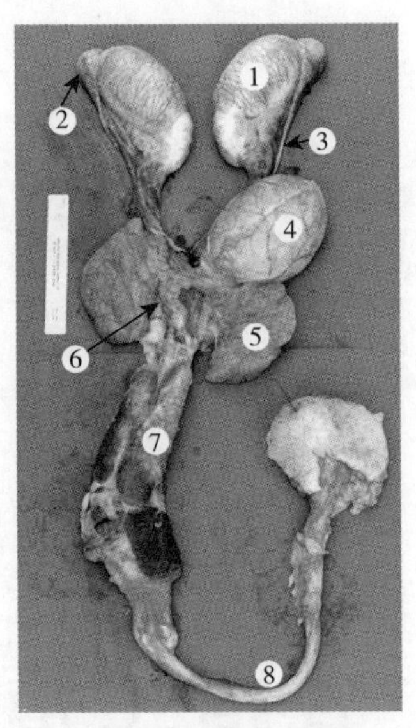

图 2-1　公猪生殖系统

1. 睾丸　2. 附睾　3. 输精管　4. 膀胱　5. 精囊腺　6. 前列腺　7. 尿道球腺　8. 阴茎

一、公猪生殖系统的组成

（一）睾丸和阴囊

1. 睾丸的形态和位置　公猪睾丸位于腹壁外侧阴囊的两个腔内，左右各有一个。睾丸呈长卵圆形，长轴倾斜，前低后高。一般左侧睾丸略低于右侧，二者之间的重量没有显著差异。例如，9～10 月龄体重约 145kg 的公猪，每侧睾丸重 310～360g。两侧睾丸的重量与体重的比值不超过 0.45%。每克睾丸组织每天可产生精子 2 400 万～3 100 万个，并且由于猪的副性腺发达，所以成年公猪每次射精量很大，一般范围介于 200～600mL。精子密度为 2.5 亿个/mL，总精子数可达 600 亿个以上。公猪的精子产量全年上下波动高达 25%～30%，因此，人工饲养时需饲养更多的公猪来弥补这些变化。

2. 睾丸的组织结构　睾丸表面光滑，覆盖着浆膜，即固有鞘膜。深部是质地坚韧的睾丸白膜，白膜在睾丸后缘增厚并进入睾丸，形成睾丸纵隔。纵隔发出许多睾丸小隔伸入睾丸实质，将实质分为睾丸小叶。每个小叶内有一条或多条盘绕曲折的曲细精管（又称生精小管）。曲细精管构成了睾丸的主要部分，故被称为睾丸实质。曲细精管占左侧睾丸重量的55%～60%，占右侧睾丸重量的60%～65%。右侧睾丸的曲细精管直径（475～525μm）略大于左侧睾丸（450～525μm）。曲细精管在睾丸小叶顶端汇合成直精细管，穿入睾丸纵隔结缔组织内，形成一个复杂的小管网络，称为睾丸网。最后，睾丸网分出10～30条输出管盘曲在附睾头起始部位，随后汇成附睾管。

曲细精管是生成精子的部位，由生精细胞和支持细胞构成。不同发育阶段的生精细胞通常呈同心层状有序排列，由基膜至管腔，分别为精原细胞、初级精母细胞、次级精母细胞、精子细胞和精子。成熟的精子脱离支持细胞后进入管腔。

支持细胞位于曲细精管管壁上偏基膜侧，核呈椭圆形或三角形。染色淡，有明显的核仁。其细胞质位于各期生精细胞之间，故不易分辨其细胞界限。从精原细胞到精子的全部细胞，都附着于支持细胞上。支持细胞具有营养生精细胞和调节生精细胞周期的作用。

曲细精管之间有疏松结缔组织，内含血管、淋巴管、神经和分散的细胞群。曲细精管之间这些分散的细胞群称为间质细胞。间质细胞近乎椭圆形，核大而圆，多集中分布在毛细血管周围。间质细胞中含有大量的线粒体、内质网和脂滴，以及少量的高尔基体和分泌颗粒，可合成并分泌雄激素。

血睾屏障为曲细精管与毛细血管血液之间的一层屏障结构，主要由支持细胞间的紧密连接以及毛细血管内皮、基膜、结缔组织、生精上皮基膜等组成。可阻止某些物质进出生精上皮，形成并维持有利于精子发生的微环境，还能防止精子抗原物质溢出到曲细精管外而发生自体免疫反应。

3. 阴囊　阴囊位置紧靠两股间的会阴区，且皮肤的伸缩力低于其他家畜。阴囊内的温度较腹腔温度低2～3℃，该温度适合精子的生成。阴囊通过两个途径来维持睾丸内部温度：①阴囊中的蔓状血管丛，有利于进出阴囊的动、静脉血发生逆流热量交换；②提睾肌对环境温度的变化可做出迅速反应，使睾丸接近或远离身体。机体发热、体温平衡失调，或睾丸长期处于较高的温度时，都可使精子的发育出现障碍进而导致不育。因此，在公猪的饲养过程中，保持猪舍内环境的凉爽，对于精子生成是非常有利的，也是必须的；而体温升高或环境温度升高，都会影响精子的生成和精液品质。

（二）附睾、输精管和尿生殖道

公猪精子在曲细精管内形成之后，经过直精细管被运送至附睾管内发育成熟，然后通过输精管以及射精管之后进入尿生殖道。精液从射精管内通过位于精阜的开口进入到尿生殖道内，最后从尿生殖道外口射出体外，完成整个射精的过程。因此，输精管道包括附睾、输精管和尿生殖道。

1. 附睾 公猪的附睾位于睾丸的背外缘，被纤维囊覆盖。解剖学上附睾可分为三个主要区域，即附睾头（近端或初始区域）、附睾体（体或中间区域）和附睾尾（远端或末端区域）（图2-2和彩图2）。附睾头是最扁平的区域，通过输出小管附着在睾丸上。附睾体狭窄而细长，位于睾丸的一侧，与尾部一起嵌入头部。附睾尾最突出，包含一个与输精管直接相连的附睾管。附睾管长约54m，贯穿附睾，前端连接睾丸输出管，后端连接输精管。附睾管紧密缠绕，包裹在血管和受神经支配的结缔组织的基质中。附睾管的管腔内充满了附睾液、精子和嗜碱性粒细胞，在附睾尾中嗜碱性粒细胞尤为常见。

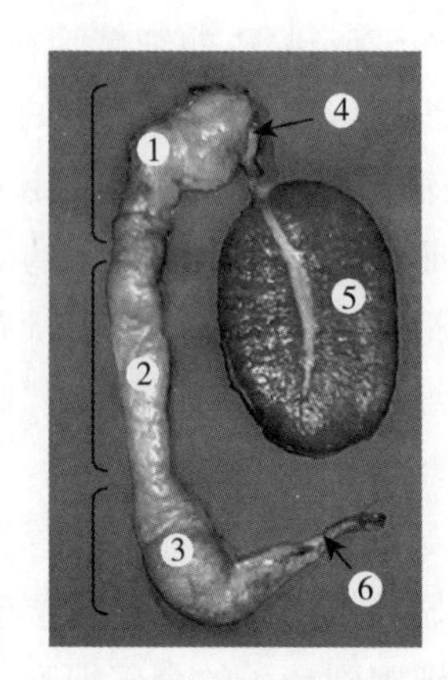

图2-2 公猪附睾形态
1. 附睾头 2. 附睾体 3. 附睾尾 4. 输出管 5. 睾丸纵切面 6. 输精管

附睾管壁由环形肌纤维和假复层柱状纤毛上皮构成，从组织学上可将附睾壁分为三部分。附睾头部管壁细胞呈高柱状，靠近管腔面具有长而直的纤毛，管腔狭窄，管内精子数很少；体部柱状细胞的纤毛较长，且管腔变宽，管内有较多精子存在；尾部柱状细胞变矮，同时靠近管腔面纤毛较短，管腔宽大，管腔内充满精子。附睾管壁纤毛的构造与精子尾部相似，其运动有助于精子转运。

2. 输精管 输精管由附睾管衍生而来，与通往睾丸的神经、血管、淋巴管、睾内提肌组成的精索一起通过腹股沟管，进入腹腔，转向后进入骨盆腔通往尿生殖道，输精管壶腹部末端与精囊腺的导管汇合形成射精管并开口于尿生殖道前列腺部的精阜。

3. 尿生殖道 尿生殖道为尿液和精液的共同通道，起于膀胱，终于阴茎口，由骨盆部和阴茎部组成。

（三）精囊腺、前列腺和尿道球腺

公猪副性腺包括精囊腺、前列腺和尿道球腺。副性腺的分泌物与睾丸液和附睾液一起构成精清。猪精清成分中，55%～75%来自于前列腺，10%～25%来自于尿道球腺，15%～20%来自于精囊腺，只有2%～5%来自于附睾的尾部区域。

1. 精囊腺　公猪精囊腺特别发达，是一对粉红色海绵状的腺体，呈蝶形，覆盖于尿生殖道骨盆部的前端，延伸到盆腔和腹腔。精囊腺的重量可达100～130g，长度和宽度分别为11～15cm和8～9cm。公猪精囊腺为致密的分叶腺，腺体组织中央有一较小的腔。精囊腺和输精管共同开口于尿生殖道骨盆部的精阜。

2. 前列腺　前列腺位于精囊腺的后方，由体部和扩散部组成。体部为分叶明显的表层，扩散部较大，位于尿道海绵体和尿道肌之间。公猪前列腺体呈白色，海绵状，形状不规则（长5～6cm，厚0.7～0.8cm），重约10g，其粗糙的表面有高度发达的血管网。前列腺是一个复管状腺体，多个腺管开口于精阜的两侧。

3. 尿道球腺　猪的尿道球腺发达，呈棒状，粉红色，位于背腹到盆腔尿道。每个腺体重90～110g，为长12～15cm的圆柱体，其直径从顶端区域到尾部区域由3～4cm增加到4～6cm。可产生白色高度黏稠的分泌物，通过排泄管排出，进入靠近阴茎尿道起始部的尿生殖道区域。

（四）阴茎

公猪的阴茎较细，为细长的圆柱体，长45～50cm，前端细，无阴茎头（图2-1和彩图1）。在阴囊前形成S状弯曲，龟头呈螺旋状，上有一浅沟。阴茎前端的下外侧有尿生殖道的裂缝状开口。阴茎勃起时，S状弯曲即伸直。不勃起时，阴茎头位于包皮腔内。包皮为细长的皮肤圆筒，包括外层、壁层和脏层，是由皮肤凹陷而发育成的皮肤褶。包皮出口的背侧有一个扁卵圆形的盲囊，长9～12cm，宽约6cm，称为包皮憩室，里面存有腐败、发臭、由尿液和脱落上皮组成的包皮污垢。采精前应挤出包皮积尿，并对包皮部位进行冲洗清洁。包皮口位于肚脐后方，是一个花瓣状的、狭窄的小圆口。

二、公猪生殖系统的发育

（一）出生前生殖系统的发育

1. 性别决定　猪与其他哺乳动物类似，性别的分化取决于性染色体。母猪的性染色体为XX，所以单倍体的卵子都带有X性染色体。公猪的性染色体为 XY，所以单倍体的精子带有 X 性或 Y 性染色体。带有 X 性染色体的精子与卵子结合产生雌性后代，而带有 Y 性染色体的精子与卵子结合则产生雄性后代。Y 染色体携带编码睾丸决定因子的基因，如 *Sry* 基因。在胚胎期，睾丸决定因子决定性腺分化为睾丸而不是卵巢。

2. 性别分化 猪的生殖细胞与性特征相关联的体细胞在个体发生的最初阶段都具有两性潜能，即具有向雌雄两个方向分化的能力。从性未分化状态开始，随着个体的发育，生殖原基变成性腺，继而发育成为睾丸或卵巢。性腺分泌的雄激素（主要是睾酮）是引起生殖道变化的重要调节因子。在胎儿发育的第 20～40 天，雄性胎儿的睾丸产生抗缪勒管激素，使缪勒管退化，但引起沃尔夫管发育，形成附睾、输精管和精囊腺。雄激素对外生殖器的形成也有重要作用，但作用机理并不相同。沃尔夫管的发育是睾酮的直接作用，而生殖道的分化则主要依赖 5－α 双氢睾酮。雌性胎儿的沃尔夫管退化，缪勒管发育为雌性生殖道，包括输卵管、子宫和阴道前部。

3. 生殖细胞发育 原始生殖细胞是生殖细胞的祖先，原始生殖细胞最初在上胚层中形成。猪的原始生殖细胞最早起源于原条尾部，随着原条细胞内卷而到达尿囊附近的卵黄囊背侧内胚层；经阿米巴运动上行，途经原肠侧壁到达背肠系膜；再由背肠系膜向上迁移到两侧性腺原基——生殖嵴。原始生殖细胞的迁移靠生殖嵴的吸引，同时也与迁移途径中的细胞和细胞外基质的引导有密切关系。在迁移过程中，原始生殖细胞继续分裂增殖，在进入生殖嵴后，参与配子的发生。原始生殖细胞具有发育成两种性别配子的潜力，生成精子还是卵母细胞，主要取决于性腺微环境。进入睾丸的原始生殖细胞进入静止的 G_0 期，随着睾丸的进一步发育，成为精原细胞。

4. 睾丸下降 睾丸下降是指睾丸从腹腔转移到阴囊的过程。这个过程发生在短时间内，并且只有在下丘脑-垂体-性腺轴正常发育的前提下才能顺利完成。一般来说，在妊娠 90d 后，胎儿腺垂体开始分泌黄体生成素（luteinizing hormone，LH），此时，睾丸经过两个独立的阶段从腹腔转移到阴囊：①经腹腔下降，即睾丸从腹腔滑到腹股沟环；②腹股沟阴囊下降，即睾丸从腹股沟环下降到阴囊。其中，第一阶段不依赖雄激素，而是由抗缪勒管激素调节。抗缪勒管激素缺失可能导致腹腔内的睾丸永久存在（隐睾症）。第二阶段是由雄激素调节的。

（二）出生后生殖系统的发育

公猪出生后第一周内，精原细胞向精母细胞分化。公猪 3 月龄时，开始出现精子发生过程，4 月龄公猪的曲细精管腔内发现精子。在 5 月龄时，出现射精过程并排出第一个精子。从 6 月龄开始，睾丸的大小、射精量和射精精子的浓度持续增加，直到 18 月龄后趋于稳定。

（三）生殖激素对生殖系统发育的调控

1. 促性腺激素的作用　公猪生殖系统的发育受到下丘脑-垂体-睾丸轴的调控。下丘脑合成的促性腺激素释放激素（gonadotropin-releasing hormone，GnRH）经垂体门脉系统到达腺垂体，与促性腺激素细胞的特异性受体结合，通过钙-钙调蛋白和钙-依赖磷脂蛋白激酶系统的信号放大和转换，从而促进 LH 和卵泡刺激素（follicle-stimulating hormone，FSH）的合成与分泌。在胚胎发育过程中，LH 和 FSH 的分泌表现为脉冲式的，并与 GnRH 脉冲频率同步。FSH 对公猪生殖系统发育的主要作用是促进曲细精管增长和生精上皮分裂，刺激精原细胞增殖，并在睾酮的作用下促进精子形成。LH 对公猪生殖系统发育的作用主要是刺激睾丸间质细胞发育和睾酮分泌，并在 FSH 协同作用下，促进精子充分成熟。此外，FSH 对包裹在支持细胞中的精子释放也具有一定作用。

2. 雄激素的作用　如前所述，雄激素是由睾丸间质细胞分泌的。雄激素是一类含 19 个碳原子的类固醇激素，主要有睾酮、双氢睾酮、脱氢异雄酮和雄烯二酮。雄激素的生理作用主要包括以下几方面：①刺激公猪生殖器官的发育与成熟，刺激前列腺、阴茎、阴囊和尿道等器官的发育；②维持精子生成和雄性特征；③刺激和维持公猪副性征的出现，影响性欲和性行为；④促进机体蛋白质的合成代谢，特别是肌肉和生殖器官蛋白质的合成，同时还能促进骨骼的生长和钙、磷沉积，以及红细胞生成。

第二节　猪的精子生成和受精

精子发生是指曲细精管内由精原细胞经精母细胞到精子的分化过程。在精子发生过程中，二倍体的精原细胞逐步分裂和分化，形成成熟的单倍体精子。曲细精管由多层不同发育时期的生精细胞和支持细胞构成生精上皮，在公猪发育到初情期时形成管腔。不同发育时期的生精细胞在精子发生过程中保持紧密联系，并随着分裂过程的持续发生，依次从曲细精管外周向管腔迁移，最后形成精子释放进入曲细精管管腔。之后，精子从输出小管输送到附睾中，精子获得运动和受精能力，并储存在附睾中直到射精。

一、猪的精子发生

根据生殖细胞不同发育程度，可将精子发生分为三个过程：精原细胞增殖（有丝分裂）、精母细胞减数分裂和精子形成，总持续时间为44～45d。

（一）精原细胞增殖

精子发生的第一个阶段是位于生精上皮基底层和血睾屏障之间的精原细胞有丝分裂的过程。根据精原细胞的细胞核特征及其与基底层的关系，可以分为以下几种类型：A_0 型精原细胞、A_1 型精原细胞、A_2 型精原细胞、A_3 型精原细胞、中间型精原细胞、B_1 型精原细胞和 B_2 型精原细胞。

1. A_0 型精原细胞 A_0 型精原细胞外形细长（17μm×5μm），其主轴与基底层平行。细胞核细长，细胞外周形态不规则。常染色质呈颗粒状，分布均匀，并且有小的杂质分散在核质中。核仁小，位于核膜附近。细胞质稀少，线粒体聚集在细胞核附近，并有丰富的核糖体。A_0 型精原细胞经有丝分裂产生一个 A_1 型精原细胞和一个休眠状态的储存干细胞，即精原干细胞。

2. A_1 型精原细胞 A_1 型精原细胞与 A_0 型精原细胞相似，外形细长（17μm×7μm），其纵轴与基底层平行，从而与基底层形成较大的接触面。细胞核也是细长形，有一个发育良好的中央核仁。常染色质呈颗粒状，存在小的杂色物质分散在核质中。细胞质较 A_0 型精原细胞发育程度高，含多个内质网和溶酶体，线粒体排列在细胞核附近。A_1 型精原细胞经有丝分裂产生 A_2 型精原细胞。

3. A_2 型精原细胞 A_2 型精原细胞位于基底层，但与基底层接触较 A_1 型精原细胞少。其形状逐渐由细长形变为圆形（从17μm×10μm到13μm×12μm），常染色质呈颗粒状，均匀分布，核仁发育良好。A_2 型精原细胞经有丝分裂产生 A_3 型精原细胞。

4. A_3 型精原细胞 A_3 型精原细胞为椭圆形或圆锥形细胞（14μm×7μm），与基底层接触面较大。细胞核为圆形，具有不发达的核仁。常染色质呈细颗粒状。细胞质的特征与 A_2 型精原细胞相似。A_3 型精原细胞经有丝分裂产生中间型精原细胞。

5. 中间型精原细胞 中间型精原细胞为圆形，直径约7.5μm。细胞核具有发育良好的核仁和颗粒状常染色质。细胞质中含有丰富的线粒体、内质网和核糖体。中间型精原细胞经有丝分裂产生 B_1 型精原细胞。

6. B_1 型精原细胞　B_1 型精原细胞是附着于基底层的小而细长的细胞（10μm×7μm）。具有一个或两个发育良好的核仁和颗粒状常染色质。细胞质含扩大的内质网和大小不同的多聚核糖体，以及丰富的囊泡。B_1 型精原细胞经有丝分裂产生 B_2 型精原细胞。

7. B_2 型精原细胞　B_2 型精原细胞与 B_1 型精原细胞非常相似。但其具有一个核仁发育不全的细胞核。B_2 型精原细胞逐渐与基底层失去连接，成为初级精母细胞，进入减数分裂。

（二）精母细胞减数分裂

精母细胞减数分裂包括减数分裂Ⅰ和减数分裂Ⅱ。初级精母细胞经过减数分裂Ⅰ成为次级精母细胞，次级精母细胞参与减数分裂Ⅱ。经过两次减数分裂后，一个初级精母细胞可以产生四个单倍体细胞。

1. 减数分裂Ⅰ　在减数分裂Ⅰ的前期之前，初级精母细胞称为前细线期精母细胞。这类细胞与基底层无直接接触，但仍在生精上皮细胞的基底腔中，呈椭圆形（12μm×7μm），并包含一个具有细颗粒状常染色质的圆核。随着前细线期精母细胞的分化，细胞核和细胞质的密度都有所增加。

减数分裂Ⅰ前期时间较长，分为五个连续的阶段：细线期、偶线期、粗线期、双线期和终变期。细线期精母细胞开始向生精上皮腔室外转运。经历减数分裂Ⅰ前期（双线期）、中期、后期和末期，形成次级精母细胞。

2. 减数分裂Ⅱ　次级精母细胞是圆形细胞，较初级精母细胞小。细胞核包含颗粒状的常染色质。在细胞核附近有发育良好的高尔基体、内质网、线粒体和大量大小不同的囊泡。次级精母细胞经过减数分裂Ⅱ之后，形成精子细胞。

新形成的精子细胞是圆形细胞（直径 10～12μm），细胞核呈球形，位于中心位置。与次级精母细胞相比，细胞核体积减小，细胞质清晰。

（三）精子形成

完成减数分裂的圆形精子细胞，经过一系列复杂的形态结构变化而演变成为精子，这一过程为精子的形成，包括核染色质浓缩、精子尾部和鞭毛以及顶体帽的形成等过程。大致分为四个阶段：高尔基体阶段、顶体帽阶段、顶体阶段与成熟阶段，根据其分化程度可以观察到多达 9 种精子细胞。猪精子细胞分化成精子及其随后的排精过程，即精子从支持细胞释放到曲细精管的管腔中，可持续约 14d。

1. 高尔基体阶段 包括 1 型和 2 型精子细胞，以高尔基体内原顶体粒的形成、原顶体粒合并为单顶体粒、单顶体粒粘在核膜上以及顶体粒另一端尾部初步发育为特征。近端中心粒迁移到最接近核的位置，并在此形成精子尾附着在精子头上的基部。

2. 顶体帽阶段 包括 3 型和 4 型精子细胞，以顶体粒散布在精子核表面为特征。该阶段精子核的前部分近 2/3 的区域被厚的双层膜囊所覆盖，由末端中心体所形成的尾部轴丝延伸到细胞质外部。在发育的早期，轴丝极像内含有 9 对小管包围着 2 个中心管的纤毛结构。

3. 顶体阶段 包括 5 型、6 型和 7 型精子细胞，以核、顶体和精子尾部的主要变化为特征。核的变化包括染色质浓缩为致密的颗粒并形成伸长而平展的结构。核组蛋白逐渐被过渡蛋白所替代。粘在核上的顶体也随核的形态变化而浓缩并伸长。

4. 成熟阶段 包括 8 型和 9 型精子细胞，以伸长的精子最终变形完成并即将释放到精细管内腔为特征。在核内，随着过渡蛋白被鱼精蛋白所替代，染色质颗粒逐渐浓缩，并均匀地分布于整个精子核。成熟期间围绕着轴丝形成了纤维鞘及 9 根粗纤丝。9 根粗纤丝分别与 9 对轴丝的微管连接并延续到精子的颈部。纤维鞘从颈部覆盖到精子末段部分的起始部位。终环是线粒体鞘最后一圈处的质膜内折形成的致密环形板状结构，防止精子运动时鞘向尾部移位。

精子形成晚期，微管轴消失，支持细胞将精子细胞伸长后残留的细胞质变形为球形小叶，称为残体。残体的形成标志着成熟阶段完成，伸长的精子细胞即将释放。此时的精子细胞无运动能力，处于无生殖能力状态。

二、猪精子的成熟和储存

（一）精子成熟

公猪睾丸新生成的精子释放到曲细精管的管腔后，本身并没有运动能力，而是靠小管外周肌样细胞的收缩和管腔液的移动经输出小管运送至附睾内。精子在附睾内的转运过程中完成精子成熟所发生的某些形态与机能等的变化，才能获得受精潜能和运动能力，这个过程称为精子成熟。精子在附睾内成熟，需经历一系列的复杂变化，如形态及结构的变化，精子运动能力和方式的变化，代谢方式的变化和精子膜的变化等，最终获得与卵子发生受精反应的潜能，具体如下：

1. 精子形态与结构的变化 精子在附睾中运行时，原生质发生脱水、浓缩，精子的体积和头部都有缩小；精子颈部的原生质滴则逐渐向精子尾端后移并最终脱去（图 2－3 和彩图 3）。这种原生质滴的脱离，可作为精子成熟的形态特征；而射出的精子有无原生质滴可以作为精子是否成熟的标志（表 2－1）。在精液采集过程中，如果采精频率过于高，大部分精子会含有原生质滴，这会影响精子的受精率和母猪产仔数。

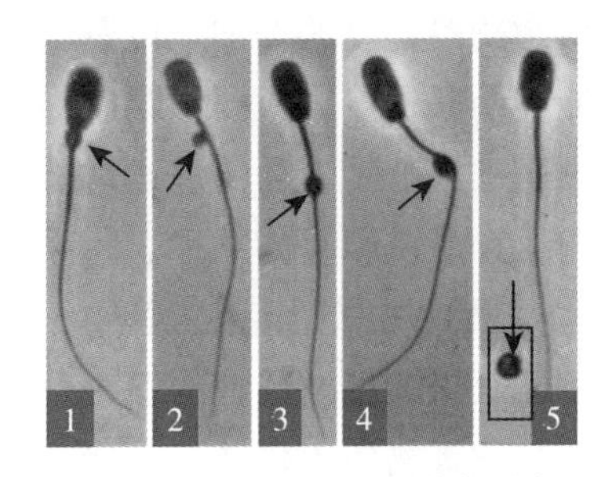

图 2－3　猪精子原生质滴形态

1. 含近端原生质滴的精子
2. 原生质滴在精子中间部位
3. 含远端原生质滴的精子
4. 远端原生质滴的精子在分离前尾巴弯曲　5. 精子与分离的原生质滴

2. 细胞核的变化　在精子成熟过程中，精子 DNA 与鱼精蛋白结合，致使染色体进一步凝集，DNA 的细胞化学染色相应减弱。此外，在精子蛋白质结构的变化过程中，二硫键结构增加，精子核和尾部结构更加稳定。

表 2－1　公猪附睾不同区域含近端原生质滴、含远端原生质滴和无原生质滴的精子的百分比（%）

附睾区域	头部	体部	尾部
含近端原生质滴的精子	45～50	0～1	0～1
含远端原生质滴的精子	0～1	45～50	10～15
无原生质滴的精子	45～50	45～50	80～95

3. 质膜的变化　在附睾中，精子质膜亦发生明显的物理和化学变化。精子在成熟过程中，附睾产生的胆固醇转入质膜，对转变质膜特性和增强质膜稳定性起重要作用；同时膜的通透性也发生改变，使 Na^+ 外渗和 K^+ 内渗，精子内形成 K^+ 浓度高及 Na^+ 浓度低的状态。另外，精子膜表面糖蛋白的合成、修饰及分布发生改变。例如，精子在附睾内转运过程中可能失去膜表面某些糖蛋白；附睾分泌的一些糖蛋白可被整合到精子膜表面特异的区域上；或者一些膜表面糖蛋白因立体构型的变化使糖基被掩蔽或暴露，可直接影响膜表面的受精潜能（如精卵识别、结合、融合），对防止精子过早发生超激活运动及发生顶体反应等方面具有重要作用。

4. 运动能力与方式的变化　尽管精子在附睾内的成熟过程中获得正常的运动能力，但在附睾环境中，精子的活动性却是被抑制的。精子只有经过副性腺产生的精清稀释后才表现出正常的运动状态。精子内环磷酸腺苷（cAMP）、蛋白激酶等物质的增加，以及前向运动蛋白与精子受体的结合等，都对精子运动能量的获得产生重要影响。精子从附睾头至附睾尾的运行中，运动的方式由转圈运动逐渐转变为前进运动。这种运动方式的转变可能是精子与附睾分泌的前向运动蛋白结合的结果。

5. 代谢方式的变化 精子代谢方式的变化在睾丸中，精子主要通过糖酵解途经获得能量。但在附睾中果糖和葡萄糖的含量低，精子主要靠分解附睾液中的乳酸等物质提供能量。猪精液体外保存主要是利用稀释液的弱酸性环境抑制精子的代谢活动，以减少能量消耗，使精子保持在可逆的相对静止的状态下而不失受精能力。同时，补充能量物质以延长精子存活时间，并加入抗菌物质以抑制微生物对精子的有害影响。

（二）精子储存

附睾体内成熟的精子被输送至尾部储存。附睾尾的温度较低，二氧化碳分压高，pH 呈弱酸性，可以抑制精子运动使精子处于休眠状态，这种环境有利于精子较长时间的储存。附睾尾精子数占附睾内总精子数的 70%，输精管中仅占 2%。精子在公猪附睾内的储存时间一般为 30～60d。当公猪长时间不采精或不配种而使精子储存时间过久的话，精子会逐渐变性、分解和被吸收，部分经尿液排出。

三、猪精子的特征

（一）形态特征

精子是一类具有独特形态结构和代谢特征的细胞，由存储遗传信息的细胞核、具有合成蛋白质和产生能量的细胞器、少量细胞质以及围绕它们的细胞膜组成。公猪精子一般长 49.2～62.4μm，主要由头部、颈部和尾部组成（图 2-4）。

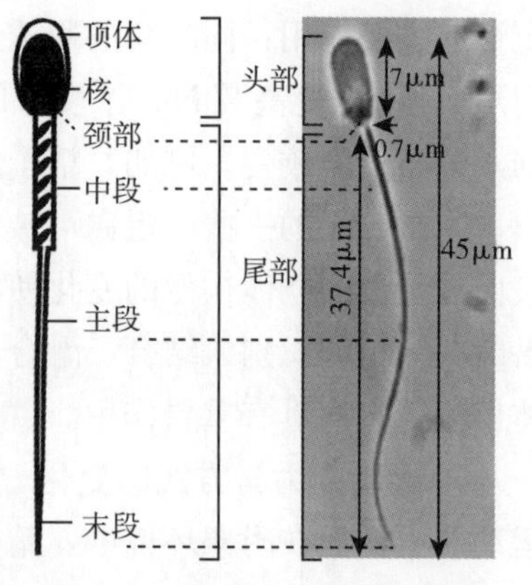

图 2-4 猪精子的组成示意图

1. 头部 猪精子的头部尺寸为 5μm×8μm×0.8μm（长×宽×厚），主要包括细胞核和顶体两个部分。成熟的公猪精子的核体积是体细胞核的 1/6。细胞核含有高度致密的染色质，在光学显微镜和电子显微镜下难以区分其结构。染色质超级浓缩不仅使精子头部的体积最小化，而且还有利于基因组的稳定。顶体是由双层膜组成的帽状结构，覆盖在核的前2/3部分，靠近质膜的一层称为顶体外膜，靠近核的一层称为顶体内膜。顶体内有水解酶性质的颗粒，它与精子通过卵子外各种卵膜有关。在顶体和核之间的空腔称为顶体下腔，内含肌动蛋白。

2. 颈部 位于头部以后，呈圆柱状或漏斗状，又称为连接段。它前接核的后端，后接尾部。在前端有基板，由致密物质组成，刚好陷于核后端称为植入窝的凹陷之中。基板之后有一稍厚的头板，两者之间有透明区，其中的细纤维通过基板接连于核后端的核膜。在头板之后为近端中心粒，它虽然稍有倾斜，但与其后的远端中心粒所形成的轴丝几乎垂直。

3. 尾部 是精子运动和代谢的部分，也是精子的最长部分。分为中段、主段及尾段三部分。从颈部到终环之间称为中段，主要结构是轴丝和外围的线粒体鞘。轴丝是精子的运动器官，由远端中心粒形成，一直伸向精子的末段。精子轴丝的结构与动物的鞭毛（或纤毛）相似，基本组成都是“9＋2”型，即位于中央的两条是单根的微管，四周是9条成双的微管（二联体）。轴丝外的纤维鞘由9条粗纤维组成，它们与颈部9条分节柱相连。线粒体鞘或称线粒体螺旋，是因线粒体相互连接螺旋地包在粗纤维之外而得名。它是在精子形成时线粒体汇集到一起相互合并而成的连续结构。线粒体内含线粒体DNA，猪精子线粒体DNA拷贝数与精子活力呈负相关，而线粒体内部结构的完整性与精子活力密切相关。终环位于中段的后端。在线粒体鞘最后一圈之后，是该处质膜向内转折而成，与防止精子运动时线粒体后移有关。

主段是尾部最长的部分，由轴丝和其外的筒状纤维鞘组成。纤维鞘中有两条纤维突起成纵形嵴，由于纵形嵴刚好分别位于背腹二侧，致使精子尾部截面呈卵圆形。

末段较短，纤维鞘逐渐变细而消失，仅由中央“9＋2”结构的轴丝和外周的质膜构成。

（二）代谢特征

精子的代谢活动是精子维持其生命和运动的基础。精子由于缺乏许多胞质成分，只能利用精清的代谢基质和自身的某些物质进行分解代谢，从中获得能量以满足精子生理活动的需要。精子的分解代谢主要是通过糖酵解和精子呼吸的方式，精子以糖类作为主要的能源物质，但其自身的糖类物质又相对匮乏，因而需要靠外界环境提供，单糖可以直接被精子分解产生能量。此外，也可以分解脂质及蛋白质供能。

1. 糖酵解 无论在有氧还是无氧条件下，精子都能通过糖酵解过程将葡萄糖、果糖及甘露糖等六碳糖分解为乳酸而获得能量。尽管精液的果糖酵解能力与精子密度及活力有关，但公猪精子主要利用葡萄糖进行糖酵解。另外，猪精子也可以利用乳酸、丙酮酸、柠檬酸、甘油和甘油三酯为精子提供能量。精子特异性的甘油醛-3-磷酸脱氢酶和丙酮酸激酶是调节糖酵解的关键酶，主要存在于公猪精子顶体和鞭毛主段，而6-磷酸果糖激酶主要存在于公猪精子顶体、胞质颗粒中段和主段，三磷酸腺苷（ATP）可以抑制6－磷酸果糖激酶活性，从而抑制糖酵解过程。乳酸脱氢酶主要存在于公猪精子鞭毛主段，使猪精子可以直接通过三羧酸循环利用乳酸，而不需要将乳酸转换成丙酮酸被利用。猪精子可以利用乳酸产生的能量，且乳酸在稳固 NAD^+/NADH 动态平衡中起着重要作用。

2. 呼吸 精子的呼吸主要在尾部线粒体内进行，分解代谢产生的能量转化为ATP，大部分用于满足精子活力的能量需要，其他部分用于维持精子膜主动运输功能的完整性，以防止重要的离子成分从细胞内流失。精子的有氧呼吸过程与糖酵解进程密切相关。在有氧条件下，精子可将糖酵解过程生成的乳酸及丙酮酸等有机酸，通过三羧酸循环彻底分解为二氧化碳和水，产生更多的能量。精子的耗氧率可以代表精子的呼吸程度。当精子大量消耗氧和代谢基质而得不到补充时，不久将会因能量的耗竭而丧失生存力。因此，隔绝空气或充入二氧化碳，降低温度及pH等办法都可延长精子的存活时间，成为保存精液的重要方法。

3. 脂类代谢 精子在维持其生命活动中，除利用糖以外，也能分解脂质而获得所需能量。精子在附睾内处于无氧和缺乏外部能源物质的环境中，则主要利用自身的磷脂作为代谢基质。在有氧代谢过程中，精子也能缓慢消耗脂类，使精液中的磷脂氧化成为卵磷脂。由脂类分解产生的甘油能促进精子的耗氧和乳酸的分解，可能是甘油通过磷酸三糖阶段进入糖酵解过程的结果。但是，当精液中有果糖存在时，甘油的这一代谢作用可能受到抑制。因此，甘油在用于精液的低温或冷冻保存中，不仅是一种防冻剂，还可以补充能源。

4. 蛋白质和氨基酸代谢 精子在正常情况下无需利用蛋白质的分解来获得能量。精子虽然在有氧时能使某些氨基酸脱去氨基，形成氨和过氧化氢，但这些分解物会对精子产生毒性降低精子耗氧率。因此，精子对蛋白质的分解往往表示精液已开始变性，是精液腐败的现象。

（三）运动特征

1. 精子运动的形式　精子有多种运动形式。其中，直线运动是指精子以直线前进的方式向前运动。在40℃以下，温度越高精子直线前进的运动越快。转圈运动是指精子围绕一处做圆周运动，不能直线前进。原地摆动是指精子头部左右摆动，没有推进的力量。需要指出的是，直线前进运动是精子正常的运动形式，转圈运动及原地摆动的运动形式都表示精子正在丧失运动能力。

2. 精子运动的机制　精子的运动是精子尾部轴丝滑动和弯曲的结果。静止精子被激活时，胞内pH和Ca^{2+}浓度升高；Ca^{2+}刺激cAMP酶引起cAMP增加，进而激活cAMP-蛋白激酶级联反应，导致轴丝蛋白磷酸化，使精子在Mg^{2+}存在和pH升高的情况下，轴丝动力蛋白能够利用ATP将化学能转化为机械能，引起并维持轴丝滑动和弯曲。线粒体利用果糖等单糖产生精子运动所需的ATP。

3. 精子运动的特性　精子在液体环境或此行生殖道内运动时表现出向流性、向浊性和向化性等特点。向流性，在流动的液体中，精子表现出向逆流方向活动，并随液体流速运动加快，在雌性生殖道管腔中的精子，可沿管壁逆流而上；向浊性，当精液中存在异物（如上皮细胞、空气泡、卵黄球等）时，精子有向异物边缘运动的趋向，其头部聚集在异物边缘而导致精子死亡；向化性，精子有趋向某些化学物质的特性，在雌性生殖道内的卵母细胞可分泌某些化学物质，能吸引精子向其方向运动。

四、受精

受精是指精子和卵子结合形成合子的过程。精子和卵子在受精前，需要经过一定时间才能到达输卵管壶腹部，在这一过程中两者都需要经历一定的变化，为受精做好准备，这样在两者相遇时才能完成受精过程。因而，受精的过程涉及精卵运行、精子获能、精卵相遇、精卵融合、透明带反应、卵黄膜反应和合子形成等生理过程。精子和卵子在性腺成熟以后，需要运行至输卵管的壶腹部进行受精。精子的运行除依靠自身的运动外，还需要子宫颈、子宫体及输卵管等几道生理屏障的配合，才能使精子最终到达。卵子排卵后，随着输卵管壶腹管壁的收缩波，间歇性地向前移行。

（一）精子运行

猪属于子宫受精型动物，精液直接射入子宫内，进入子宫内的精子，起初悬浮于精清中，随后与母猪生殖道分泌物混合，运行至受精部位——输卵管的壶腹部。猪精子在母猪生殖道保持受精能力的时间为24～72h。

精子进入子宫后，在子宫内膜腺体隐窝中形成精子的储存库。由于精子进入子宫，子宫内膜腺白细胞反应增强，对精子进行一次筛选。子宫肌和输卵管系膜的收缩及精子自身的运动，促使精子通过子宫进入输卵管。由于输卵管的收缩和管腔变得狭窄，导致大量精子滞留在宫管结合部，并不断向输卵管释放。尽管在交配或人工授精过程中，数十亿个精子到达子宫，但只有几千个精子到达输卵管。精子进入输卵管后，借助输卵管系膜和黏膜皱褶的收缩以及上皮细胞纤毛摆动引起的液体流动，使精子继续前行，但因峡部括约肌的收缩而被阻挡，使精子在这里储存，形成一个精子储存库。

（二）精子获能

精子受精前都必须先获能，才可以引起顶体反应，精卵才能结合。精子在附睾中移行时已具备受精能力，但因它与附睾和精液中的去能因子结合而暂时失去受精能力，这种现象称为精子去能。已经证明引起精子去能的去能因子是一种糖蛋白。这种糖蛋白能够与精子的顶体帽发生可逆性结合。当精子进入母猪生殖道或体外培养时，由于精子表面电荷的改变或一些酶的分解作用，使去能因子脱落或改变活性，从而解除了抑制作用，使精子再获能。因此，只要设法去除精子表面的去能因子，就可以增加发生获能和顶体反应的精子数，缩短反应时间，提高受精能力。

精子在输卵管中重新获得受精能力的过程，称为再获能。在获能过程中，精子膜表面及膜间大分子重新分布；去能因子及某些蛋白水解酶抑制剂被去除；精子膜表面电荷及膜的磷脂结构发生改变。获能后的精子耗氧量增加，运动的速度和方式发生改变，尾部摆动幅度和频率明显增大，呈现一种非线性、非前进性的超激活运动。精子获能的主要意义在于使精子准备进行顶体反应，以及使精子超活化，促进其穿过放射冠和透明带。精子获能对于受精有十分重要的意义。猪属于子宫射精型动物等，精子的获能开始于子宫，但主要部位在输卵管。猪精子在子宫中获能需6h左右，而在输卵管中约需10h。

（三）精卵结合

当精子与卵质膜接触时，卵母细胞皮质颗粒首先在该处与质膜融合，发生破裂和胞吐，然后胞吐现象逐渐向卵的四周扩散，即发生所谓的皮质反应。其意义是改变卵质膜和透明带的特性，以阻止多精入卵。因此，在受精过程中掌握精、卵的状态，对于适时受精和提高受精率是极其重要的。母猪发情周期约为21d，其中，每次发情持续2～3d。母猪排卵在发情开始后的20～36h，由于卵子排出后的存活时间为4h，精子在母猪生殖道内可存活10h，因此，在母猪排卵前后4～6h输精最为适宜。

精子穿过透明带后，与卵的质膜结合，并发生融合。卵黄膜是精子进入卵子的最后一关，经过酶的作用，使精子突破这一道屏障，同时卵子分泌激活精子的活精肽，协助精子进入卵子。卵子激活后膜上离子通道发生变化，Ca^{2+}进入卵子，启动代谢过程而使卵子变得非常活跃。一个精子进入卵子后，卵子即产生一种抑制顶体素的物质，封闭透明带，使其他精子难以再进入卵子，这一反应称为透明带反应。

在受精过程中，由于人为和环境因素的影响，有时会出现非正常受精现象，如延迟配种、生理、物理和化学刺激等，往往会有多个精子钻入卵膜内，受精卵出现两个以上的原核，或两个原核中的一个不发育，这些现象通常被视为异常受精。正常情况下，哺乳动物多精受精现象发生率不超过1%～2%，但猪精子和卵子较容易出现多精受精，可高达30%～40%，配种或输精延迟可引起15%的卵子被一个以上精子穿透。

（四）合子形成

当获能的精子进入次级卵母细胞的透明带时，受精过程即开始。当卵原核和精原核的染色体融合在一起时，则标志着受精过程的完成。精子入卵后不久，头部开始膨大，核疏松，核膜消失，失去固有的形态，同时卵母细胞减数分裂恢复，释放第二极体。精子的细胞核接近体细胞核，称为雄原核。卵母细胞核即为雌原核。雄原核和雌原核经充分发育，逐渐相向移动。在卵子中央，核仁和核膜消失，两原核紧密接触，然后迅速收缩，染色体重新组合，并准备第一次有丝分裂。猪精子从进入卵子到第一次卵裂的间隔时间为12～24h。

第三节　影响猪精子质量的因素

公猪精子质量受到众多因素的影响，包括品种、年龄、营养、健康状况等。此外，季节、气候等因素也会影响精子质量。鉴于各种因素对精子质量的影响均非单独效应，本节将从体内环境和体外环境进行概述。内部环境包括睾丸、附睾的微环境以及精清的成分；外部环境包括温度、光照等。

一、内部环境

（一）睾丸微环境

睾丸曲细精管是精子发生的部位。曲细精管外围环绕着管周肌细胞、间质细胞、巨噬细胞、血管等间质组织，这类组织细胞及其合成分泌的各种细胞因子共同构成了精子发生的微环境。

1. 精原干细胞微环境 公猪精子发生的过程首先是精原干细胞自我更新与精子分化过程的有效平衡和调控。睾丸微环境对精原干细胞的作用在幼年和成年期不同。幼年时期的睾丸微环境主要作用是促进精原干细胞的自我更新和增殖，建立起雄性生殖嵴。成年后，精原干细胞的自我更新只发生于生精上皮周期的某些特定阶段，伴随着其他的精原干细胞向精子方向分化。睾丸微环境决定了精原干细胞的命运，从而影响精子发生过程，以及精子的数量和质量。

2. 支持细胞的作用 睾丸支持细胞在睾丸微环境中同样发挥重要作用。支持细胞参与构成血睾屏障，保护精子不被破坏，同时为发育过程中的生殖细胞提供营养，促进精子的产生和成熟，分泌雄激素结合蛋白。支持细胞与雄激素结合可以维持精子功能，吞噬发育不良的精子，保证精子的质量，分泌睾丸网液促进精子的排出，通过睾丸网运输到附睾内短暂存储。因此，支持细胞的功能破坏将导致精子发生异常。如热应激（温度＞30℃）情况下，公猪睾丸支持细胞乳酸合成减少，就会阻碍精子发生过程，导致畸形精子数量增加。

3. 睾丸炎 公猪睾丸炎是指睾丸实质和间质的炎症。由于睾丸有丰富的血液和淋巴液供应，对细菌感染的抵抗力较强，因此睾丸本身很少发生细菌性感染。细菌性睾丸炎大多数是由邻近的附睾发炎所引起，所以又称为附睾-睾丸炎。但是，由于阴囊外伤化脓、尿道或输精管炎症化脓、布鲁氏菌病转移等，就会引起公猪睾丸炎。公猪发生睾丸炎后，会破坏睾丸微环境，导致公猪性欲下降，精子质量下降。

（二）附睾微环境

公猪精子从输出小管流出，进入附睾管，在附睾管中运行 12～15d。其中，在附睾头部 3d，体部 2d，尾部 7～10d。由睾丸产生的睾丸网液进入附睾后成为附睾液。由于附睾的吸收和分泌作用，附睾成分不断改变，形成由附睾头至附睾尾各段中液体的不同理化特性，为精子成熟提供必要的环境条件。例如，附睾液的渗透压在附睾各段之间有较大差异，以附睾尾部的渗透压最高，有利于精子进一步脱水；附睾液的离子成分从附睾头到附睾尾也发生某些变化，Na^+和Cl^-浓度下降，K^+和P含量增加，可影响精子质膜及其有关的代谢功能。附睾液中雄激素含量很高，其中附睾体的雄激素含量最高，精子在此逐渐成熟。到达附睾尾时精子已经成熟，雄激素含量亦已相对降低，以维持精子的基本代谢活动。此外，附睾上皮可以分泌多种蛋白质，甘油磷酰胆碱、唾液酸和肉毒碱等，并具有使附睾液酸化的功能，低附睾液的pH，有利于精子成熟和储存。

任何影响附睾上皮细胞分泌和吸收活性的因素（应激、营养、温度、采精频率等），都会导致精子成熟过程不完整，最终导致渐进性精子活力和受精能力的丧失。例如，精液的采集频率需要与附睾头部附睾液的重吸收率和体部净重吸收率平衡，从而使附睾液的吸收和分泌模式发生改变。青年公猪训练成功后，每隔5d采精一次，成年公猪每隔3～4d即可采精。在高频率采精的公猪精液中，精子的运动特征、细胞质液滴的迁移、精子头部的大小和形状以及连接的稳定性发生改变；采精次数太少，会因精液在附睾中大量积压而影响精子质量。

（三）精清的成分及作用

成熟精子所处的微环境是精清，因此，精清对精子具有重要的影响。精清的pH为7.3～7.9，含水量为94%～98%。精清的主要成分来自于前列腺、精囊腺和附睾，其次是睾丸和尿道球腺。精清中包含有蛋白质、脂类、碳水化合物、激素、维生素以及微量元素等。

精清蛋白在受精过程中起着十分重要的作用。如精子粘连蛋白，是一种分子质量约为20ku的糖蛋白，具有独特的功能，可以促进精子-卵母细胞的相互作用和精子获能或保护精子避免头部凝集和发生过氧化反应。另一种蛋白质酸性磷酸酶，参与精子的代谢，并维持其质膜的完整性。

精清中的离子成分，如钠、钾、钙、镁、锌、锰、铁等也发挥着十分重要的作用。精子的运动性取决于钠和钾的水平，精子的受精能力取决于钙和镁的水平，此外，精清中多种蛋白质的结构取决于锌、锰和铁的水平。

二、外部环境

（一）温度

在集约化生产中，温度、湿度、光照等是影响猪生产的关键环境因素。其中，温度直接决定公猪所处环境的舒适程度。猪属于恒温动物，正常情况下，猪通过体内产热和散热的平衡使体温始终保持在38.7～39.8℃。与其他动物一样，猪也有一个等热区。对公猪而言，等热区内其繁殖性能较佳。反之，若温度的变化超过等热区的上、下限，其繁殖力就会降低。目前对种公猪适宜温度的认识并未统一，大部分资料表明为13～25℃较为适宜，当环境温度达到28℃或以上时，种公猪出现热应激，睾丸机能减退，精液品质下降，严重时还会造成种公猪睾丸机能永久性损伤。此外，热应激时间也是关键因素，持续高温2～3d将导致猪精液质量下降。

1. 高温 高温可使公猪血液中的促肾上腺皮质激素升高，从而使睾丸中睾酮的产生受到抑制，致使公猪的性欲减退。同时，高温使精原细胞发生变性，尤其是会破坏精子核的染色体结构，导致染色体破裂或出现碎片，精原细胞凋亡，最终导致精液中出现由受损伤的细胞融合而成的多核巨型细胞。附睾内的精子也易受到热应激的影响，热应激导致附睾内精子染色体畸变，精子活力降低，畸形率升高，尤其精子头部畸形率和近端原生质滴精子比率显著升高，影响配种受胎率。从而降低公猪繁殖力。热应激状态下，猪精子线粒体功能及ATP的合成障碍，代谢和运动异常增强，能量物质在短时间内迅速耗竭，最终导致猪精子活力降低。

公猪睾丸中精子的发生周期，即从精原细胞到精子形成为止的时间为44～45d，而精子在附睾中成熟的时间为12～15d，因此，其精子从发生到排出体外的时间大概是2个月。因此，高温对精液品质的影响需等温度恢复正常后2个月后才能消退，精液品质才能恢复到正常水平。

2. 低温 低温环境中，精子也易受到伤害。当新鲜精液由体温快速降至10℃以下时，精子受冷打击，不可逆地失去活力而很快死亡，这种现象称为精子冷休克，可能是因精子细胞膜在冷打击中受到破坏，使细胞内三磷酸腺苷、部分蛋白质（细胞色素等）和钾等成分漏出，精子糖酵解和呼吸过程受阻，最终造成精子结构和活力发生不可逆的变化。精子在0～5℃时，其代谢活动和运动受到抑制，能量消耗减少，存活时间则相应延长。在超低温冷冻环境中，精子的代谢和运动活动基本停止，处于“休眠”状态，可以长期保存。猪精子脂含量非常高，在冷冻过程中出现严重的脂质过氧化，导致不可逆的损伤。

（二）光照

光照对公猪性成熟的时间影响较大。光照条件影响公猪繁殖性能的机理主要通过影响公猪的视觉系统，导致公猪视网膜的兴奋，通过视觉神经系统将应激传送到猪的视觉中枢。随后公猪的视觉中枢通过影响种公猪的下丘脑，促使其分泌促释放激素，如GnRH，同时光通过视神经作用于松果体，减少褪黑素的分泌。褪黑素减少并和GnRH共同作用于垂体，使其分泌足量FSH、LH及促乳素，这些激素作用于公猪的睾丸，使睾丸合成并分泌雄性激素。在雄性激素的作用下，公猪保持良好的性欲，产生品质优良的精液。生产中，光照强度、光照周期均会影响猪生产性能和繁殖性能。

1. 光照强度　光照强度可以通过影响褪黑素的分泌而影响公猪繁殖性能。黑夜有助于褪黑素的合成与分泌，白天则抑制褪黑素的合成。当光照强度达到40lx或者低于1lx时，猪就能够辨别白天和黑夜。当光照强度超过阈值40lx时，机体内褪黑素的分泌降低，可能对公猪繁殖性能产生不利影响。因此，人工调整光照时间长短或外源注射褪黑素能够改善公猪繁殖性能，并且缩短白昼时间能够促进精子发生过程。

2. 光照周期　光照周期同样会影响公猪繁殖性能。夏末秋初季节，公猪初情期延长，繁殖力降低，这可能与机体内褪黑素水平降低有关。光照周期还可以通过影响采食量而影响公猪繁殖力，延长光照时间可以提高采食量，进而可能提高公猪繁殖力。当给予公猪极端光照时长（0h、24h）时，公猪的精液品质（如精液浓度、精液量和精子顶体完整性）会受到影响。生产中建议公猪光照时长不大于16h，或者黑暗时间不小于8h，否则会逐渐降低公猪的性欲和减少射精量，且这种影响难以修复。

三、提高精液质量的措施

（一）环境控制

种公猪的饲养环境制约其生产能力，适宜的饲养环境能提升精液品质。由于种公猪具有怕热的特点，长期高温会引起种公猪内分泌失调，影响生殖能力，出现少精、死精问题。在实际生产过程中通过营养措施减弱或消除热应激的负面效应的机制（如维持电解质平衡，添加维生素C等措施很可能与活性氧的调节相关），并辅之以必要的降温措施，能够有效改善种公猪的繁殖性能。合理的光照制度可以促进公猪性成熟，改善成年公猪精液品质。在成年种公猪的养殖实践中，通过建设种公猪站时合理安排布局圈舍中的窗户和选择屋顶材质等，并采用以自然光照为主，以人工光照为辅的措施，以达到控制光照强度和周期的目的。此外，卫生条件差也会影响种公猪身体状况，降低精液品质。

（二）采精频率

在公猪1周岁时精子量可以达到正常水平，一直保持到4周岁左右，过后精液的质量开始下降。1周岁之内，适宜的采精频率为每周1次；超过1周岁，平均每4～5d采集1次精液。另外，养殖场还应做好后备种猪的储备工作。

（三）采精操作技术

采精前应清洁猪的皮毛，并对生殖器官先清洗后消毒。在采精过程中应注意保持卫生清洁，防止精液被细菌、病毒、尘埃等污染。操作过程中应使用一次性材料，可以有效防止精液被污染。采精室要保持恒温，确保采集的精液温度适宜。采精员及采精地点也应相对固定。

第三章 猪人工授精站的建设

猪人工授精站是规模化饲养公猪、为猪场提供精液及技术服务的专业机构。猪人工授精站的建设包括选址与规划、猪舍设计及设施设备、实验室建设和管理三部分内容。

第一节　选址要求与规划布局

在建设猪人工授精站时，首先应该选择适宜的场址并进行完善的规划与布局。由于猪人工授精站的疫病防控等级最高，必须从疫病防控要求、生态环保要求、基础设施要求，并考虑地形地势来进行选址和布局，同时考虑实现生产所需的各功能区的合理布局。

一、选址要求

（一）疫病防控要求

在所有的猪场类型中，猪人工授精站的疫病防控要求等级最高。因此，必须从选址开始全面考虑。为了达到疫病防控的要求，猪人工授精站的选址首先应遵循社会公共卫生准则，不能成为周围环境的污染源，但也不能受到周围环境的污染。因此，应在居民点的下风处选址，其地势低于居民点，且与居民点保持至少 1 000m 的卫生距离，同时要避开生活污水排出口。但是也不能在有化工厂、屠宰场等容易造成环境污染的单位的下风处或附近选址。此外，猪人工授精站与公司内部的其他猪场之间的距离不少于 300m；与其他外部猪场之间的距离应尽可能远，一般大于 5km。如果有共同经过的主公路时，主公路到猪人工授精站之间应有非共用道路作为缓冲。

（二）生态环保要求

猪人工授精站的选址应符合生态环保的要求，必须在当地政府规划的适宜区选址和建造猪人工授精站。猪人工授精站周围环境应符合《中华人民共和国畜牧法》和当地政府的环保要求，有利于动物疫病防控和粪污处理。

（三）社会基础设施要求

猪人工授精站选址时，还要考虑交通、水源及电力等基础设施条件。为了满足猪人工授精站运输饲料、猪精及物资的需要，要求交通方便但同时避开主干道。一般认为距离交通主干道500m以上。

猪人工授精站应选择在水源充足，便于取用的地方，方便定时对水源进行卫生防护、净化以及消毒。水质应符合饮用水标准，并定期送实验室检测。种公猪的总耗水量按每头每天40L计，其中饮水量为每头每天10L，占总耗水量的1/4。

猪人工授精站要选择在距离变电站近的地方。规模化猪人工授精站用电量，通常按1 000头公猪匹配125kVA容量变压器。同时场内必须自备发电设备，以防停电影响生产。

（四）地形地势要求

地形指场地形状、大小以及地表分布的固定物体（房屋、树林、河流、桥等）所共同呈现出的高低起伏的各种状态。建设猪人工授精站的场地要求开阔平整，便于站内各功能区及各种设施的布局，并有利于场地的充分利用。面积大小应根据待建猪人工授精站的规模、饲养管理方式等因素来确定，同样的饲养规模，聚落式楼房养殖的饲养管理方式较平层养殖更节约用地。

地势指地表形态起伏的高低与险峻的态势，包括地表形态的绝对高度和相对高差或坡度的缓急程度。猪人工授精站场地要求地势高燥、平坦有缓坡并背风向阳。场地高燥有利于排水，场地平坦有利于猪人工授精站的建设，有缓坡的场地便于排水，但坡度不宜过大，一般不超过25%。

二、规划布局

（一）总体布局

猪人工授精站的整体上可分为场外区和场内区两部分。其中，场外区是污区和缓冲区。场内区又称为净区，包括办公生活区和猪生产区两部分。平层猪人工授精站外景见图3-1和彩图4；楼房猪人工授精站外景见图3-2和彩图5。

（二）场外区

1. 场外洗消点 场外洗消点要求建设在距猪人工授精站1～5km的地方，完成对车辆、人员和物资的洗涤和消毒。在洗消之前，人员、物资和车辆在洗消点外的等待区进行采样和病原检测，检测结果必须为阴性，方可进入洗消点进行下一步的洗消和隔离等程序。

图 3-1 广西扬翔股份有限公司平层猪人工授精站布局图

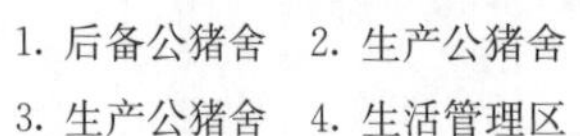
1. 后备公猪舍 2. 生产公猪舍
3. 生产公猪舍 4. 生活管理区

图 3-2 广西扬翔股份有限公司楼房猪人工授精站布局图

洗消点包括车辆洗消区、物资洗消区和人员洗消区三个区域。车辆洗消区包括车辆清洗区、车辆消毒区、车辆沥水区和车辆烘房。为了便于雨天清洗，车辆洗消区需搭建顶棚。车辆清洗区需配置高压水枪和便于清洗车顶的梯子。车辆消毒区配置全自动消毒通道，消毒通道长 26m、宽 4.5m 和高 4.4m，雾化喷头从上到下均匀分布于通道两侧、地面和顶部。在通道入口安装感应器，当感应到车辆进入后喷头即喷洒消毒液。消毒后的车辆到车辆沥水区沥干，然后到烘房进行烘干消毒。

猪人工授精站的车辆烘房一般为直通式，由烘干房主室和燃料设备间组成。烘干房主室是车辆烘干的主要工作区域，一般为长方形房间，烘房两端设置大门，墙板材料为双侧铁皮夹 50mm 挤塑聚苯板，烘干房进出口大门的材料为双侧铁皮夹岩棉。车辆烘房采用热风循环烘干技术，利用热空气作为热传导介质，通过室内空气循环进行热量传递，使车身干燥。以某猪场烘房为例，车辆烘干房主体室占地面积 76.5m^2，长、宽和高分别为 17.0m、4.5m 和 5.2m。烘房侧墙壁下方有一根长约 12m 的送风管道。烘干房地面正中心分布着 14 个地面出风口，出风口形状为正方形，边长为 0.2m。车辆烘房侧墙和两侧地面各有 20 个和 16 个圆形出风口。烘干房侧边墙壁上方 4.5m 高处设置 2 个排风口，直径为 0.43m。

物资洗消区依据物资属性配置紫外消毒间、臭氧消毒间、喷雾消毒间，分别配置紫外灯、臭氧发生装置、喷雾装置。

人员洗消区配置人员洗澡间、桑拿房、隔离宿舍和食堂等。人员洗澡间设置在人员通道的入口，单人单间，淋浴。洗澡间隔板采用三合板建造，地面铺设 PVC 材质的镂空防滑垫，厚度 1.0～1.5cm。桑拿房为木质材料建造、面积

为 $9m^2$ 左右的正方形，内靠墙设置长凳。桑拿房内需配置不锈钢桑拿炉、计时器、温度控制器及水壶、水杯放置架。隔离宿舍入住需隔离人员，隔离宿舍分为第 1 天隔离宿舍和第 2 天隔离宿舍，2 个宿舍相邻但相互独立，通过洗澡通道相连。隔离宿舍可按照每间 2～4 人设置。

食堂负责给隔离人员提供食物，所有食物必须经过高温烹煮，不能提供生食。厨房在洗消点与其他区域相对独立，位于洗消点的下风向，通过食堂窗口传递食物。

上述区域的消毒方法具体参考本书第八章。

2. 场外隔离墙 场外隔离墙是隔绝猪人工授精站和外界接触的一道墙。为保证猪人工授精站生物安全，隔离墙需建高围墙或铁丝网，高度至少 1.8m，以防场外人员及其他动物进入场区。

3. 缓冲区 缓冲区是连接场外与场内生活区的区域，包括门卫室、入场人员洗消间及物资消毒间。进场物资和人员经场外洗消区洗消后，还需在缓冲区进行再次洗消。隔离墙及缓冲区见图 3－3。

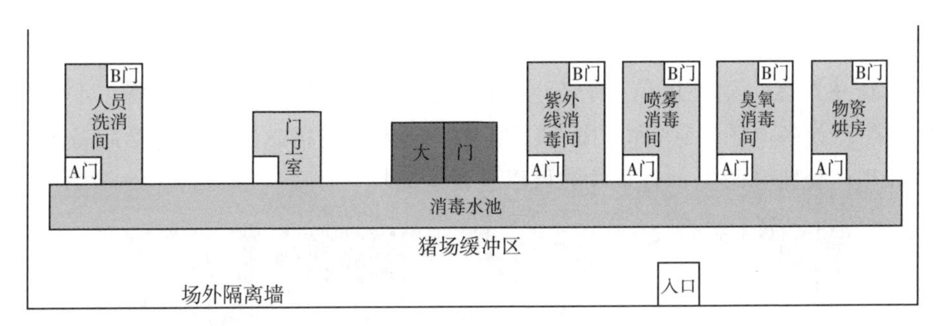

图 3－3 隔离墙及缓冲区示意图

A 门为人员或物资进口；B 门为人员或物资洗消后的出口。

（三）场内区

场内区从功能上可划分为人员隔离区、办公生活区、生产区、无害化处理区、实验室和附属区（锅炉房、发电机房等）六部分。

1. 人员隔离区 人员隔离区专为入场人员隔离期间使用。外来入场人员或休假返场员工，经过缓冲区洗消后，需进入人员隔离区居住一天一晚，才能进入生活管理区。人员隔离区应配备专用的生活物资，不能与生活管理区物资混用。

2. 办公生活区 办公生活区通常与隔离区相邻，与生产区分开，需设在上风向和地势较高处，避免受到生产区污染。包括行政办公室、会议室、档案室、员工娱乐活动室、食堂、宿舍、物资仓库和通往生产区的人员洗澡间（图 3-4）。

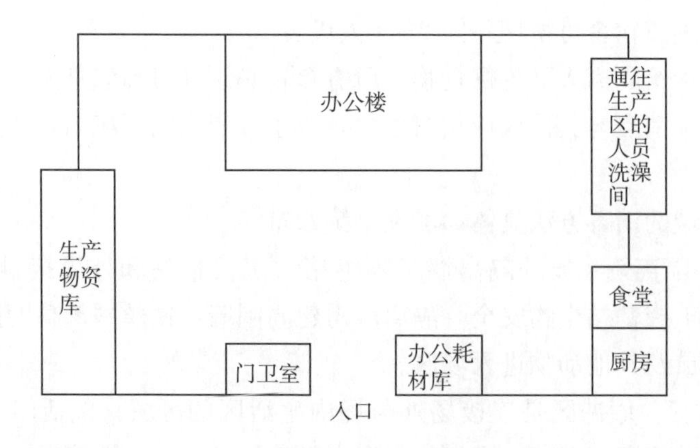

图 3-4 办公生活区示意图

办公楼 1 楼包括行政办公室、会议室、档案室及员工娱乐活动室，顶楼为生活物资库，其他楼层为宿舍。

3. 生产区 生产区位于办公生活区的下风向，包括猪舍、料塔、水塔和附属生产设备（图 3-5 和彩图 6）。其中，猪人工授精站的猪舍包括后备公猪舍和生产公猪舍两类，有条件的可以建设运动场。

图 3-5 生产区

1. 人员、物资通道 2. 人员、物资洗消间 3、4. 生产公猪舍 5. 料塔

后备公猪舍是饲养刚引种进站的青年公猪的猪舍。为了保证公猪站生产公猪的安全，后备公猪舍通常建设在生产公猪舍的下风向。后备公猪舍的规模应依据猪人工授精站的规模及其年更新换种率确定。例如，一个 1 000 头规模的猪人工授精站，按年更新换种率 50%计，每年需引种 500 头，通常每 2 个月引种一次，每年引种 6 次，每次引种 70～100 头，因此，需配置一栋 70～100

头规模的后备公猪舍。在种源充足的情况下，为避免频繁引种，也可扩大后备公猪舍的规模。在青年公猪引进站后一个月内，饲养人员需要与这些猪一起隔离。因此，后备公猪舍还需配备隔离人员住宿间、洗澡间和物资间。

生产公猪舍饲养完成了隔离驯化后的生产公猪。以广西扬翔股份有限公司1 000头以上规模猪人工授精站为例，平层猪人工授精站，每栋按照200头规模建设，配置5栋猪舍。楼房猪人工授精站，每层按照2个单元设计，每个单元120头规模，共建设6层，1层是食堂、人员活动娱乐室，2～5层是猪舍，6层是员工宿舍。

4. 无害化处理区　无害化处理区设置在猪人工授精站内部的最下风向，按照《中华人民共和国动物防疫法》和《重大动物疫情应急条例》的要求，通过填埋、焚烧和堆肥三种方式对日常生活垃圾及病死猪进行无害化处理。

5. 实验室　猪人工授精站实验室一般与公猪舍相邻且互相独立，与公猪舍通过双向传递窗或者气动精液传输设备进行猪鲜精的传递。如果采用气动传输设备传递鲜精，公猪舍和实验室可以适当拉开距离，有利于防止交叉污染。一般1 000头规模猪人工授精站，实验室占地面积200～250m^2。

6. 附属区　附属区配置锅炉房和发电机房。人工授精站一般配置低温常压热水锅炉，供员工生活及猪舍供暖使用。对于1 000头规模的猪人工授精站，为满足猪舍冬季供暖和人员用水，需配置热水输出量为10t/h的锅炉。发电机房主要是应对突发性停电事件。

第二节　猪舍设计及其设施设备

合理的猪舍设计有利于生产的顺利进行及生物安全的防控。猪舍设计时需考虑温湿度控制、通风控制和采光控制等环境因素。猪人工授精站内的设施设备除了饲喂设备和饮水设备以外，还需配置自动采精设备及精液传输设备。

一、猪舍设计及布局

（一）　猪舍设计的基本要求

1. 猪舍类型　公猪舍可分为半开放式和封闭式两种类型。

（1）半开放式　半开放式公猪舍指东西北三面有常规墙，南面安装窗户。冬季，南方通过挂防风帘保温，北方覆盖塑料布。半开放式公猪舍中的猪采用平养方式（图3-6和彩图7）。

图 3-6 半开放式平层公猪舍

（2）封闭式 楼房式公猪舍是封闭式的代表（图 3-7 和彩图 8）。冬季可以采用地下热水循环供暖，夏季采用湿帘-风机结合地冷和中央空调降温。

图 3-7 封闭式楼房公猪舍

2. 猪舍朝向 猪舍尽量采用坐北朝南朝向，有利于猪舍的通风换气、防暑降温、防寒保暖以及采光。南北朝向的猪舍，夏季温度较高时，太阳不会直射猪舍，能够有效控制温度；而冬季气温较低时，可以利用太阳辐射效应，提高舍内温度，有利于生产。

3. 猪舍间距 平层公猪舍需分栋建造，两栋建筑物纵墙之间要保持适当的猪舍间距，既有利于有效利用土地，也有利于猪舍采光、通风、防疫和防火。通常猪舍间距为猪舍檐高的 3～5 倍，纵向相邻的猪舍间距 8～12m，横向猪舍间隔 8～12m。

4. 猪舍的围护结构 猪舍的围护结构包括地面、墙壁、门窗、屋顶等。猪舍的小气候状况，在很大程度上取决于外围护结构的保温隔热性能。

（1）地面 猪舍地面是猪活动、采食、躺卧和排泄的地方，对猪舍卫生环境影响很大。定位栏公猪舍地面一般采用钢筋混凝土漏缝地板的全漏缝地面，大栏饲养的公猪猪栏一般为半漏缝地面。由于公猪体型较大，应注意漏缝的宽度。漏缝板缝隙以1.0～1.2cm为宜，过宽易导致肢蹄卡入缝隙损伤，过窄不易漏粪。

（2）墙壁 墙壁为猪舍建筑结构的重要部分，墙壁应具有良好的保温隔热性能。墙壁的厚度一般为24～37mm，可以根据当地的气候条件和所选材料特性来确定。猪舍墙壁内表面要便于清洗和消毒，地面以上1.0～1.5m高的墙面应设水泥墙体，避免冲洗消毒时溅湿墙面和防止猪弄脏、损坏墙面。

（3）门窗 猪舍的门供人、猪出入。外门的设置应避开冬季主导风向，门高2.0～2.4m，宽1.2～1.5m。半封闭式公猪舍窗户主要用于采光和通风换气，窗户的大小、数量、形状、位置应根据当地气候条件合理设计。窗户面积大，采光多、换气好，但冬季散热和夏季向舍内传热也多，不利于冬季保温和夏季防暑。新型现代化楼房公猪舍已设置为全封闭无窗猪舍。

（4）屋顶 屋顶为公猪舍遮挡风雨和保温隔热的装置，要求有一定的承重能力，不漏水、不透风，还要具有良好的保温隔热性能。公猪舍内部加吊顶可明显提高其保温隔热性能。

（二）后备公猪舍的设计及舍内布局

后备公猪舍是新引种进站青年公猪的隔离驯化场所。一般青年公猪在后备舍隔离驯化45～60d，完成后备公猪的环境适应、抗原抗体检测和采精训练。

半开放式后备公猪舍宽4.5m，高2.6m，猪舍长度依公猪头数而设定。猪舍内的通道不宜过宽，以0.6～0.8m为宜（图3-8和彩图9），以赶猪通过时公猪不能掉头为准，地面设置为钢筋混凝土漏缝地板（图3-9和彩图10）。后备公猪舍可设计4排定位栏，每个栏长2.1m，宽0.75m，高1.2m。后备公猪舍内布局包括人员和物资洗消通道、公猪饲养区、采精训练区、栏舍通道、饲养人员生活区和物资存储区等区域（图3-10）。一般饲养人员生活区设置在后备

图3-8 公猪舍通道

公猪舍的入口处，采精训练区通常位于后备猪舍的中间，配置假母猪，假母猪安装于定位栏内。

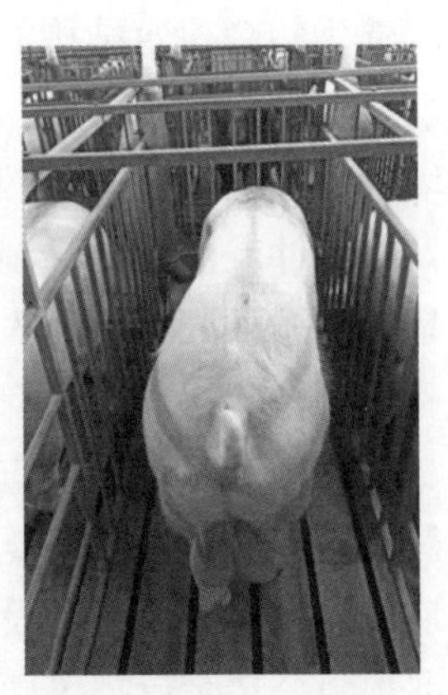

图 3-9 钢筋混凝土漏缝板

人员入口 消毒水池 饲养人员用餐区 脱衣间 洗澡间 更衣间 通道 饲养人员住宿区 物资存储区 通道 厕所

物资入口 消毒水池 物资消毒间 猪舍入口 洗衣房

公猪栏 公猪栏 公猪栏 采精训练区 公猪栏 公猪栏 公猪栏

公猪栏 公猪栏 公猪栏 公猪栏 公猪栏 公猪栏

公猪栏 公猪栏 公猪栏 公猪栏 公猪栏 公猪栏

公猪栏 公猪栏 公猪栏 公猪栏 公猪栏 公猪栏

图 3-10 后备公猪舍布局示意图

（三）生产公猪舍的设计及舍内布局

生产公猪舍饲养完成了隔离驯化后的青年公猪和成年公猪。封闭式楼房公猪舍宽 8.5m，高 2.6m，猪舍长依公猪头数而定。生产公猪舍采用大栏饲养，猪栏规格 3.0m×2.5m×1.2m，1/5 漏缝地板，4/5 钢筋混凝土实地板（图 3-11 和彩图 11）。生产公猪舍布局包括人员、物资洗消通道、厕所、洗衣间、物资存储区及公猪生产区（图 3-12）。公猪生产区包括猪栏、通道及自动采精站。

一些现代化的猪人工授精站中配置了公猪自动采精站，建在公猪舍的中间位置。公猪自动采精站是由公猪进出通道、采精区和采精坑组成（图 3-13 和彩图 12）。1 个自动采精站，占地 $36m^2$，配置 4 套公猪进出通道，4 台自动采

图 3－11　生产公猪舍

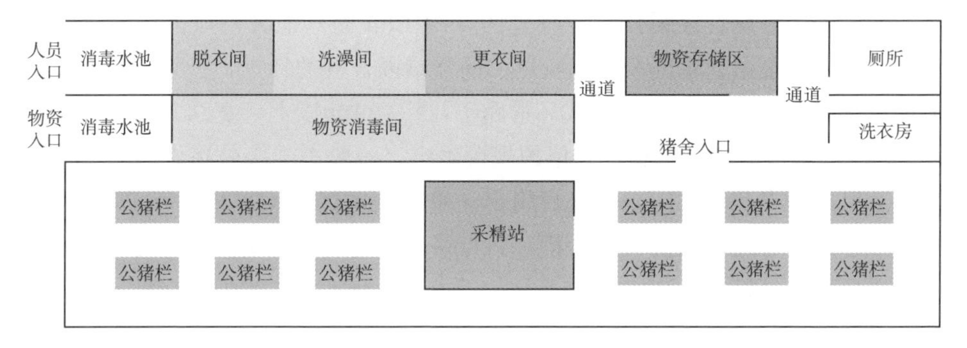

图 3－12　生产公猪舍布局示意图

精系统，1 个采精坑。

公猪出公猪栏后是通过进出通道进入采精区，进出通道宽 0.6～0.8m，采精区的门为电动门，采精人员无需出采精坑，通过按钮控制公猪进出。采精区内配置自动采精系统，公猪在此进行采精。采精坑为采精人员控制采精操作的场所，采精坑深度为人员站立时肩膀与采精区内公猪的腹部平齐，1 个采精坑

进出通道

自动采精系统采精区

采精坑

图 3－13　种公猪自动采精站

两边各设置 2 个自动采精系统采精区，采精区和采精坑之间有采精窗口相连，采精坑内一名采精员可同时操作 4 头种公猪。200 头规模的栋舍配置 1 个自动采精站，搭配 2 个采精饲养员，1 人在采精坑内操作，1 人配合赶猪，每天上午可完成 30～40 头公猪的采精任务。公猪采精应尽量避免下午进行，尤其是夏季。

(四) 运动场

为提高公猪的配种能力和精液品质，除满足其必需的营养水平，进行科学饲养、合理利用外，适当加强运动可以提高种公猪健康水平和种用价值。因此，有条件的情况下，猪人工授精站可以配置种公猪运动场。

运动场一般设置在距公猪舍较近的（约 10m 处）地方，与公猪舍之间通过连廊连接。根据公猪固有互相咬逗、同性难以合群的特点，公猪运动场设计为环形轨道（图 3-14）。单元式环形跑道，栏高 1m 以上，宽 0.6～0.8m，长 12m。环形跑道的数量依据种公猪的规模确定，一般 100 头公猪设置 8～10 条跑道。出入口安装铁栏门，使之封闭单向单行。墙体结构可采用钢筋混凝土。每个环形跑道可同时放置 3 头公猪，猪与猪之间适当拉开距离同向运动，采用驱赶式运动，每日 30～40min。

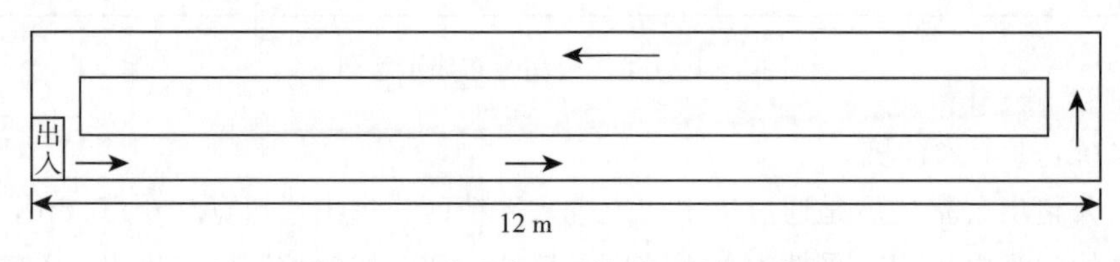

图 3-14 种公猪环形轨道运动场示意图

二、设备

(一) 饲喂和饮水设备

1. 饲喂设备 饲喂设备由供料塔、饲料输送机、饲喂器和食槽组成。公猪通常采用限制饲养的方式，既能满足营养需要又不过量饲喂，以防过肥。

猪人工授精站可配置种猪智能化饲喂系统。这套系统有电脑软件系统作为控制中心，有一台或者多台饲喂器作为控制终端，有众多的读取感应传感器为电脑提供数据，同时根据公猪饲喂需要量的计算公式，由电脑软件系统对数据进行运算处理，处理后指令饲喂器自动化工作。

以广西扬翔股份有限公司亚计山楼房猪人工授精站为例，全部安装智能化猪精确饲喂系统。公猪佩戴电子耳标，有耳标读取设备进行读取，来判断猪的身份，传输给计算机。同时有称重传感器传输给计算机该猪的体重，管理者设定该猪的月龄及其他的基本信息，系统根据终端获取的数据（耳标号、体重）和计算机管理者设定的数据（日增重）运算出该猪当天需要的饲喂量，然后把这个饲喂量分量、分时间传输给饲喂设备为该猪下料。广西扬翔股份有限公司未来猪场（Future Pig Farm，FPF）专为养猪打造有一款专业的智能精准饲喂系统（图 3－15 和彩图 13）。另外，公猪饲喂通常采用不锈钢料槽（图 3－16 和彩图 14）。

图 3－15　种猪智能精准饲喂系统

图 3－16　不锈钢限饲料槽

2. 饮水设备　猪人工授精站的饮水设备主要包括供水系统和饮水器。供水系统包括水井、水塔和输送管道。猪用自动饮水器的种类很多，有鸭嘴式、乳头式、碗式等。一般布置在猪栏的排粪区，有利于舍内的清洁和干燥。

饮水器的安装高度和安装角度需依据猪的大小和饮水器的类型确定，合适的安装高度和角度便于猪饮水。公猪舍鸭嘴式自动饮水器的安装高度为 750～800mm，乳头式饮水器的安装高度为 800～850mm，碗式饮水器的安装高度为 250～350mm。猪人工授精站一般采用碗式饮水器（图 3－17 和彩图 15）。

图 3－17　碗式饮水器

（二）环控设备

公猪是对环境温湿度、光照等非常敏感的动物，环境温湿度改变及光照变化影响精子发生。因此，公猪舍需要安装和使用一些环控设备，来满足猪舍的温湿度、通风、光照的要求。

1. 供暖设备 冬季猪舍内的供暖设备在我国南北方不同。在我国北方由于冬季温度低至－30～－20℃，因此猪舍必须采用加热设备，通常有热水散热器采暖和热水管地面采暖两种方式。热水散热器采暖系统主要由锅炉、管道和散热器三部分组成。采用热水管地面采暖方式，以温度不高于60℃的热水为热媒，在加热管内循环流动，加热地板，通过地面以辐射和对流的传热方式向室内供热。地面采暖系统材料主要包括加热管、分水器、集水器、连接件和绝热材料。安装方式一般分为埋管式和组合式两大类。加热管的铺设间距，应按计算确定，一般不宜大于300mm，最大不应超过400mm。为了确保地面温度均匀，应采用不等距布置，在距外围结构（外墙、外门和外窗）1 000～1 500mm范围内，应采用较小管间距（如100～200mm）。

2. 通风设备 猪人工授精站的通风方式有很多种，根据空气在猪舍的流动方式可分为自然通风和机械通风两种。

自然通风设施适宜半封闭式猪舍，主要通过窗户和排气孔通风。窗户的面积多是猪舍面积的1/10～1/8，夏季通过开窗通风。冬季为了保温，关闭窗户，主要通过排气孔通风。现代猪场多用无动力风机代替排气孔。

自然通风系统仅通过热力和风速工作。其依赖于室内外温差和风速，无法控制通风量。当室内外温度相同或室外高于室内温度时，通风量可能很低。因此，现代化人工授精站不适宜采用自然通风系统。

机械通风可分为正压通风和负压通风系统两种。正压通风系统是通过风机推动室外空气进入室内，室内的风压大于室外，风从窗口或排风口排出，实现通风。因暖湿空气可能被推进猪舍，导致猪舍结构的冷凝和变差，故此系统不常使用。

负压通风和正压相反，风机将室内空气抽出，室内气压低于室外，室外的空气从进风口进入室内实现通风换气。负压通风方式投资少，管理简单，进入舍内的风流速较慢，猪体感觉比较舒适。由于横向通风风速小、死角多等缺点，一般采用纵向通风方式。

现代化楼房猪人工授精站将负压通风和地沟通风相结合。这种通风方式30％～50％的风通过地沟的管道排出。地沟通风可保证很好的空气质量，因大部分的氨气在释放到猪舍前就被排出，另外再结合空气过滤系统可大大减少氨气和臭气的排放。

3. 降温设备　猪舍的降温设备主要包括湿帘-风机设备、喷雾降温设备、喷淋降温设备和滴水降温设备，以及目前新兴的楼房猪舍配置中央空调降温。

湿帘-风机降温系统由湿帘、风机、循环水路和控制装置组成，是利用蒸发降温和纵向负压通风相结合的原理制成的，一般在封闭式栏舍或卷帘式栏舍内安装使用。湿帘和水循环系统安装在栏舍一端山墙或侧墙上，湿帘的高度一般为 1.5m 和 1.8m 两种。风机安装在另一端山墙或侧墙壁上。当风机启动向外抽风时，栏舍内形成负压，迫使室外空气经过湿帘进入舍内。当空气经过湿帘时，由于湿帘上水的蒸发吸热作用，使空气的温度降低，这样栏舍内的热空气不断由风机抽出，经过湿帘过滤后的冷空气不断吸入。风机数量和功率需依据栏舍长度确定，确保舍内的最大风速为 1m/s，通风量为 $9\times10^{4}m^{3}/h$，从而可将舍温降低 3～5℃。

喷雾降温设备是用高压水泵通过喷头将水雾化，雾化的水在猪舍内吸收空气的热量而气化，降低舍温。喷淋降温是通过直接将水喷淋到猪体表，通过水分的蒸发带走猪体的热量，从而达到降温的目的。这两种方式都要求控制喷水量及喷水的时间间隔，应避免喷水过量，导致舍内湿度过大。喷雾降温一般每喷 1.5～2.5min 停止 10～20min，然后再喷雾。喷淋降温通常是间隔 45～60min 喷淋 2min。滴水降温设备与喷淋降温原理相同，是通过滴水器直接将水滴在猪的肩颈部，通过水的蒸发带走猪体的热量，滴水降温的时间间隔可根据滴水器的流量调节，以猪肩颈部湿润又不打湿地面为宜。

近年来新兴的现代化全封闭式楼房猪人工授精站，几种温控设备联合使用，包括地面供暖、供冷、湿帘-风机和中央空调。通过智能环控系统，控制几种设备的开关，控制着猪舍的温度，保持全年舍温一致。

4. 照明设备　光环境是公猪舍环境的重要组成部分。对于半封闭式猪舍，光环境很难人为控制。全密闭楼房公猪舍内的光照几乎完全由照明系统提供，合理的照明系统设计很重要。种公猪舍的光照强度推荐 150～200lx，光照时长 10～12h。

光照强度指单位面积上所接受可见光的光通量。以 $720m^{2}$ 的公猪舍为例，安装 2×50W 的荧光灯，每根荧光灯光通量为 6 000lm，共 30 套，则公猪舍的平均光照强度＝光源总光通量×利用系数×维护系数/区域面积＝30×2×6 000lm×0.5×0.8/$720m^{2}$＝200lx。另外，猪舍的光照强度也可通过照度计来测量。

(1) 灯具的选择　目前猪舍灯具主要选用节能灯、T8 型标准直管荧光灯或 LED 灯。猪舍灯具的光线以接近自然的白光或黄白光为宜，不宜用红光，避免猪群不适应，引起应激。

(2) 灯的安装方式　猪舍内的灯多选用吸顶式安装。安装时应做到灯具等距均匀分布于整个猪舍（图 3－18和彩图 16)，每只灯不超过 60W，灯离猪活动地面要保持 1.8～2.0m 高度，跨度较大的猪舍，应安装两排以上的光源，且要交错排列。猪舍尘埃大，需定期对灯进行清洁，及时更换破损灯，才能保证猪群获得有效光照。另外，猪舍的灯最好配备可靠的“三防”灯罩，不仅可防水、防尘、防腐，还可使光线均匀分布，利用率提高。

图 3－18　猪舍灯具图

(三) 采精和精液传输设备

1. 采精设备　公猪精液采集分为人工徒手法采精和种公猪自动采精系统采精两种。

人工徒手法精液采集需配置专门的人工采精室，面积不能低于 $12m^2$，用防撞杆隔出一块安全区，否则易造成人员事故。采精室与公猪舍有通道相连，传统的采精室一面要有和精液处理室相通的双层玻璃窗，用来传递精液。采精室内应设有假母台、防滑垫、恒温箱、水管、水池、清扫工具和紫外线灭菌灯。

规模化猪人工授精站为满足日生产效率需配置公猪自动采精系统。自动采精系统由滑轨、阴茎夹具、采精杯托、三合一采精袋、自动采精专用假母台等组成。自动采精系统利用仿生原理，模仿猪自然交配设计。自动采精系统设备的出现提高了生产效率，改变了以前人们依靠纯手工采集精液的现状。公猪自动采精系统见图 3－19 和彩图 17。

公猪自动采精系统减小了采精人员间的技术差异。减少了工作人员的手与动物之间的接触使卫生得以改善，尤其是配套的采精过滤袋，形成了密闭式采精环境，阻断了空气中微生物颗粒与精液接触的机会，从而大大提高了精液品质。

2. 精液传输设备　精液气传系统包括控制柜、气传管道和气传运输杯。精液气传系统可远距离快速传输精液到实验室，避免采精室内的污染物进入实验室。另外，实验室可建在靠近猪场门口的位置，避免拉猪精车频繁出入场区，疫病盛行时期，更有利于生物安全防控。

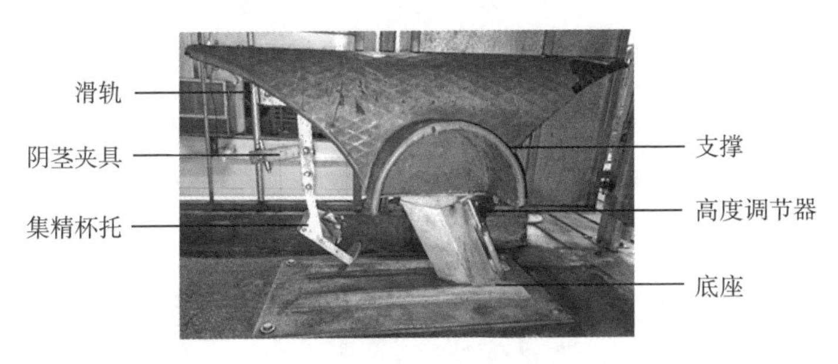

图 3－19　种公猪自动采精系统

第三节　实验室建设和管理

实验室是人工授精站的重要组成部分，主要功能为检测公猪精液品质，制造、储存商品猪精。

一、实验室建设

（一）实验室建设

实验室建设包括墙壁、屋顶、地面、门窗等。实验室建设需满足猪精生产过程对环境温度控制和避光的需要。

1. 墙壁与屋顶　实验室的墙壁和屋顶需考虑保温隔热。墙壁可采用黏土砖或空心砖，墙壁厚度 24～37cm，墙体内表面用白灰水泥砂浆粉刷后，最好刷一层墙漆或贴墙砖，便于清洁及消毒。屋顶加装吊顶，即可防寒又可隔热。

2. 地面　实验室地面用水泥砂浆硬化后，最好粘贴地砖，便于清洁及消毒。

3. 门窗　实验室的门分为人员进出门以及物资和猪精进出门，人员进出门宽 0.9～1.0m，高 2.0～2.2m。物资入口和猪精出口的门可设置为卷帘门或双扇门，宽 2.0～2.5m。实验室可设置为密闭式，不安装窗户，若安装窗户需配置遮光窗帘，避免阳光直射进来。

4. 人员配置　1 000 头规模的猪人工授精站实验室内需配置 12～15 人。包括鲜精品质检测人员、精液稀释人员、猪精灌装打包人员、猪精发货传递人员、行政内勤人员等。

（二）实验室布局

实验室为精液处理和商品猪精储存的地方，可划分为精液处理室（图 3－20和彩图 18）、平衡库、商品猪精储存室、行政办公室以及物资库房。其中，精液处理室包括精液气传区、自动检测区、自动稀释区和自动罐装区。实验室整体布局见图 3－21。

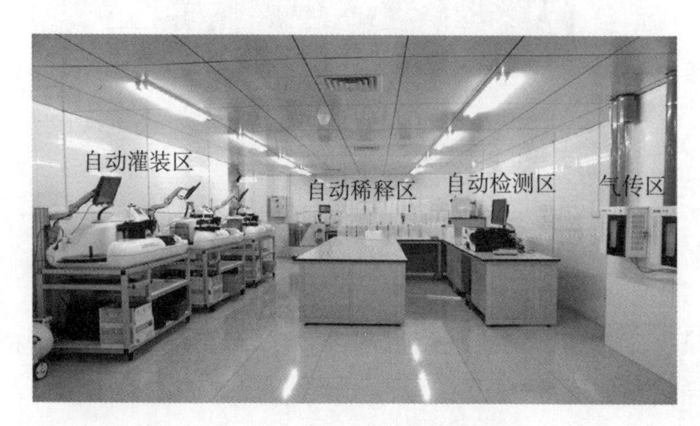

图 3－20 精液处理室

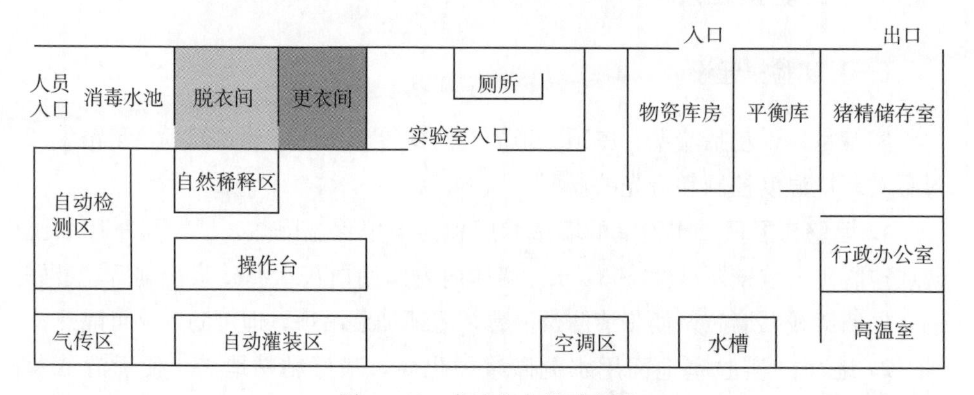

图 3－21 实验室布局示意图

二、实验室管理

（一）设备维护管理

1. 实验室的贵重精密仪器设备应建立操作保养管理制度，每个仪器设备由指定的负责人进行清扫、加油、调整、更换个别零件等日常维护，另外需定期检查，对异音、漏油、安全以及损伤等情况进行处理，并做仪器设备的维护保养记录。仪器使用时应做仪器使用记录。

2. 未经实验室负责人员许可，任何人不得动用实验室的仪器设备。使用重、大型精密仪器设备人员必须遵守操作规程，发现问题及时处理。因违反操作规程，导致仪器设备损坏的要追究责任。

3. 对实验室所用的危险器具设备（如解剖器械），使用时严格按照要求进行操作，实验过程中不得打闹嬉戏。实验结束后，应把器具设备擦洗干净，放在指定位置保存。

（二）环境管理

猪人工授精站实验室环境管理主要为环境温度控制。猪精对环境温度及微生物敏感，为了确保猪精品质，每日上下班时，需检查空调是否正常工作，每日下班前需打开紫外灯对精液处理室进行消毒 2h。精液处理过程中为确保精液品质需对环境温度进行严格控制，精液处理室、平衡库及商品猪精储存室需建立日室温记录档案。物资仓库的冰箱温度，同样需建立日温度记录档案。不同区域环境温度要求见表 3-1。

表 3-1　猪精生产过程中环境温度控制要求

工作程序	时间，min	温度，℃
精液检测	15	37～38
精液稀释	10	32～35
猪精封装	15	30
猪精冷却	120	17～21
猪精储存	0～10 080	17

第四章

人工授精站公猪的营养与饲养

人工授精站公猪包括青年公猪和成年公猪。为公猪提供适宜的营养并以合理方式满足其营养需要，对于发挥公猪的生产性能并延长优秀公猪的种用年限具有重要的作用。公猪的饲养需要控制适宜的增重和维持适宜的体况，以获得最佳的生产性能和种用年限。另外，营养调控技术在提高公猪精液品质，改善肢蹄健康方面也显示了积极的效果。本章主要介绍人工授精站公猪的营养与饲养技术。

第一节　人工授精站公猪营养需要的特点及饲料品质要求

在生产中，人工授精站引入的公猪经过隔离驯化后进入生产群。当小公猪达到12月龄之前被划分为青年公猪，而12月龄以上被划分是成年公猪。本节将针对青年公猪和成年公猪的营养需要特点，介绍营养需要的主要构成和影响营养需要的主要因素，以及从饲料角度介绍公猪对饲料品质的要求。

一、公猪的营养需要特点

（一）青年公猪的营养需要特点

青年公猪的营养需要除满足维持和生长，还有精液生产及配种活动的需要。青年公猪随着体重的增加，生长的营养需要占比降低，而维持的营养需要占比增加。例如，青年公猪体重150kg的时候进入人工授精站，这时青年公猪维持与增重的需要接近，但体重达到225kg时，维持需要的占比超过了75%（图4-1）。青年公猪的采精频率低，配种活动的营养需要以及精液生产的营养需要占比也很低。尽管对于青年公猪而言，体重和增重是影响营养需要的最主要因素。但值得注意的是，为降低肢蹄病的发生风险，青年公猪的增重速度应控制在适宜的水平。

（二）成年公猪的营养需要特点

与青年公猪类似，成年公猪的营养需要包括维持的营养需要、配种活动的营养需要以及精液生产的营养需要。从各部分占比上看，维持需要相比青年阶

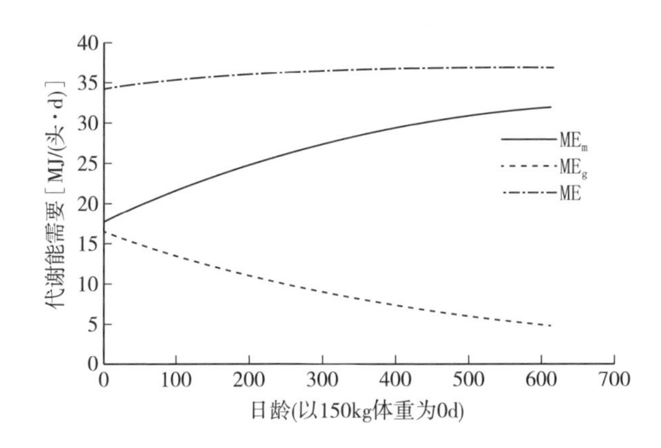

图 4－1　人工授精站公猪的维持和增重的能量需要（修改自 Dömmgen 等，2017）

0d 为公猪进入人工授精站的起始天数，对应的体重为 150kg；入站后 600d 体重约为 330kg，达到成年体重。ME_m，维持的代谢能需要；ME_g，增重的代谢能需要；ME，维持和增重的总代谢能需要。

段而言进一步扩大，生长的需要进一步降低。配种活动的营养需要以及精液生产的营养需要较低，在能量需要中占比不超过 5%。

对于成年公猪而言，体重是决定营养需要的最主要因素。此外，采精的频率对营养需要有一定影响。另外，不管是青年公猪还是成年公猪，在温度低于20℃时，需要额外增加能量供给。

二、饲料品质要求

（一）饲料原料品质要求

饲料品质的高低不仅直接影响日粮营养摄入，而且对于满足公猪营养需要和生产性能发挥具有重要作用。公猪饲料原料选择时需要保证原料的稳定性和安全性。常用的饲料原料有玉米、豆粕、麸皮和鱼粉等。由于产地、季节和生产工艺的不同，同一种原料存在批次差异性。因此，在使用原料前，需要对原料的感官品质和化学成分进行评价。例如，在选用玉米时，需要对玉米的感官、性状和卫生指标等进行测定，在符合标准后，还需要分析玉米的营养指标，如氨基酸、脂肪和淀粉等，以确定每批次玉米的营养含量，更有效地用于配方的设计和调整。表 4－1 是玉米、豆粕和麸皮在公猪日粮配方中原料质量标准，但是在原料使用时，建议对原料品质进行严格把关，确保公猪日粮的质量。

在选择使用公猪日粮配方原料时，还应该考虑各种原料的使用限量。例如，麸皮由于原料毒素不稳定性，在公猪料中使用不应该过高，可以采用相对毒素比较安全的豆皮或者大麦进行替代；用米糠替代玉米时要注意米糠脂肪含量高而易发生氧化酸败；在使用 DDGS 时要注意配方气味的变化。在使用替代原料前，应对替代原料质量进行测定，并严格控制替代原料的比例。另外，为解决公猪限饲过程中由于饥饿造成的行为学问题，并预防胃溃疡发生，可以适当在公猪饲料中选择优质的纤维原料。

表 4-1 常用原料的质量标准

指标	玉米（二级）	豆粕	麸皮
感官指标	呈现综合颜色和光泽，呈现正常气味，无异味，色泽气味表现正常	浅黄色或淡棕色或红褐色不规则的碎片状或粗颗粒状或粗粉状，无发酵、霉变、虫害及异味异臭	细碎屑状，色泽新鲜一致，无发酵、霉变、结块及异味异臭
水分，%	≤14.0	≤12.5	≤13.0
杂质，%	≤1.0		
容重，g/L	≥690		
粗纤维，%		≤7.0（二级）	<10.0（二级）
粗灰分，%		≤7.0	<6.0
霉变粒比例，%	≤2		
不完善粒比例，%	≤6.0		
脲酶活性，U/g		≤0.30	
蛋白溶解度，%		≥73.0	
黄曲霉毒素 B_1，μg/kg	≤50	≤30	≤30
玉米赤霉烯酮，μg/kg	≤500	≤1 000	≤1 000
呕吐毒素，μg/kg	≤5 000	≤5 000	≤5 000
铅，mg/kg	≤10	≤10	≤10
镉，mg/kg	≤1	≤1	≤1
汞，mg/kg	≤0.1	≤0.1	≤0.1

资料来源：参考国家标准 GB 1353—2018、GB/T 19541—2017 和 GB 10368—1989。

特别要注意公猪日粮的真菌毒素和毒性元素含量，真菌毒素可能会对公猪的生产造成不利影响。例如，玉米赤霉烯酮可能影响睾丸素的水平，干扰精子发生，减少睾酮的合成。猪精子的受精能力会因为玉米赤霉烯酮对精子的存活率、活力和顶体反应产生负面影响而降低。其他真菌毒素也被证明对公猪的繁殖性能有负面影响（表 4－2）。因此，在生产中应该精选优质原料，严格避免使用真菌毒素超标的原料，并定期监测饲料中的真菌毒素水平，饲料中真菌毒素限量可参考表 4－2。另外，可以考虑在饲料中添加真菌毒素吸附剂等添加剂，降低真菌毒素的影响。

表 4－2 饲料中真菌毒素对公猪生产性能的影响

真菌毒素	影响	限量，μg/kg
玉米赤霉烯酮	青春期延迟，睾丸缩小，性欲下降，精子质量差	＜500
镰刀菌素	睾丸重量减少 30％，并降低精子质量和存活率，导致公猪生育力下降	NA
黄曲霉毒素	生殖器水肿-脱毛、精液质量差、精子密度低、形态畸形增多，降低受精能力	≤20
赭曲霉素	不进食、胃溃疡、精子质量差	≤100
呕吐毒素	不进食、呕吐	≤1 000

注：NA，未见报道。

铅、镉等毒性元素是最常见的环境污染物，能够在生物体中累积并长期滞留在环境中，导致精子质量下降，危害雄性生育力。精浆中的毒性元素浓度被认为是雄性生殖系统暴露状态的直接标记。精浆中含有铅的杜洛克、大白和长白猪发生精子畸形率＞20％的概率分别比不含精浆铅的公猪高 15.30％、7.53％和 5.78％。因此，公猪饲料应避免铅和镉的污染。

（二）生产工艺要求

饲料粒度是影响猪对谷物的利用和消化效率的最重要因素之一。正确调整粒度可以提高饲料消化率，但是如果粒径太小，发生胃溃疡的概率可能会增加，因此为降低胃溃疡发生风险，延长公猪种用年限，公猪饲料的粉碎粒度推荐为 750～900μm。颗粒饲料含粉率≤8％，粉化率≤4％。

第二节 公猪的营养需要

公猪的营养需要研究相对滞后，部分营养需要估计模型参数来源于母猪的研究。本节主要介绍公猪的能量、蛋白质和氨基酸，以及矿物质和维生素需要量的估计，并且比较 NRC（2012）、《美国猪营养指导》《丹育猪公猪饲养指南》和《PIC 公猪饲养指南》中营养推荐量的差异。

一、能量、蛋白质和氨基酸

（一）能量

如前所述，公猪的能量需要主要包括维持的营养需要、生长的营养需要、精液生成的需要和配种活动的营养需要，另外还需要考虑低温环境下额外的能量需要。对于公猪的能量需要，主要采用析因法估计。目前，常用的模型包括Kemp等（1991）以及Close和Roberts（1993）提出的两种模型。

1. 维持需要 分别利用上述模型计算体重150kg青年公猪的维持代谢能（metabolizable energy，ME）需要，其结果分别为17.79MJ/d和21.47MJ/d。一般认为公猪的维持需要高于同体重母猪的维持需要。相比公猪而言，母猪的营养需要可参考的资料更为丰富。利用NRC（2012）中的母猪能量需要估计模型，可以计算出150kg后备母猪的维持代谢能需要为19.05MJ/d。值得注意的是，现代猪种的瘦肉率更高，而背膘更薄，因而用于维持体温的能量需求可能增加。目前，普遍接受的是现代高产母猪维持需要比NRC（2012）的估计量高14%，150kg后备母猪的维持代谢能需要达到21.47MJ/d，该估值与Close和Roberts（1993）对同体重公猪维持能量的需求估值一致。因此，采用Kemp等（1991）模型用来估计维持需要时，可能低估了其能量需要。

2. 生长需要 公猪生长的能量需要估计模型是基于预期日增重的方程。然而，对于公猪而言，其最佳生长速率的研究较少，大多材料是参考20世纪90年代的两个报道。其中，体重分别为150kg、200kg、250kg、300kg、350kg和400kg的公猪，对应的适宜增重分别为500g/d、400g/d、300g/d、200g/d、100g/d和50g/d。按该增重速度，1岁的公猪体重约为225kg。如按此推荐增重速度，分别利用上述两种模型计算体重150kg公猪生长所需的代谢能需要，其结果分别为16.37MJ/d和10.26MJ/d。值得注意的是，现代公猪的饲料转化效率更高，在同样的增重目标下，需要消耗的能量可能减少。例如，20世纪80年代模型中，对后备母猪脂肪和蛋白质增重的代谢能利用效率分别估计为0.54和0.74，但在2008年的INRA模型中这两个参数已分别提高到0.6和0.8。

此外，最新的研究发现，对于美系杜洛克公猪而言，在170～200kg和200～250kg两个生长阶段，日增重分别为454.5g/d和375.3g/d较为适宜，该值稍低于20世纪90年代的报道。由于育种进程的推进，现在猪种与30年前已经存在很大差异。该研究也提示了在估计现代公猪生长所需的能量时，可能需要重新考虑适宜的增重目标。依据最新的研究结果，生长的能量需要估值会进一步下降。但是，对于体重 250kg 以上的公猪，尚未见较新的研究报道。

3. 配种活动和精液产生所需的能量　对于配种活动和精液产生所需要的能量，NRC（2012）中分别引用 Kemp（1991）及 Close 和 Roberts（1993）的研究进行了估计：其中用假母猪支架采精时消化能为 18kJ/$BW^{0.75}$；精液生产的能量需要量，即平均每次射出精液的消化能为 259.53kJ，能量利用效率估计为 0.6，则每次射精的消化能需要量为 431.16kJ。配种活动和精液产生所需的能量占比较低，合计不超过 5%。

4. 低温需要的额外能量　低温下需要给公猪补充额外的能量。当环境温度低于 17℃需要额外增加的能量 $ME_t=0.003\ 82\times BW^{0.75}$（适用于饲养于漏缝地板设计的单栏饲养公猪）。

5. 总的能量需要　如果不考虑低温所需要的额外能量以及精液产生和配种活动的能量需要，用上述两种模型估计总能量需要，对于体重 150kg，预期增重为 500g/d 的公猪，其代谢能需要的估计值分别为 34.16MJ/d 和 31.73MJ/d。前者估值与《美国猪营养指导》的推荐量较为接近，后者估值与《PIC 公猪饲养指南》和《中国猪营养需要》的推荐量较为接近（表 4－3）。2016 年对杜洛克公猪 170～200kg 最适能量摄入量的研究表明，每天的消化能摄入量为 32.23MJ/d 时较适宜，可获得 454.5g/d 的日增重。该能值转化为代谢能后与 31.73MJ/d 较为接近。因此，综合来看，Close 和 Roberts（1993）模型用于估计公猪维持和生长的能量需要可能更为准确。

比较不同来源的营养推荐材料可见，NRC（2012）和《美国猪营养指导》对公猪的能量推荐量基本一致，但是稍高于《加裕猪饲养指南》《丹育猪公猪饲养指南》《PIC 公猪饲养指南》和《中国猪营养需要》对公猪的能量推荐量（表 4－3）。这可能是因为遗传背景的差异，或采用的需要量估计方法不同导致。需要注意的是，如果采用 Kemp 等（1991）方法，可能会导致饲喂水平过高，引起体况过肥，影响公猪的性欲和精液质量，或可能会导致体重过大，增加肢蹄病发生的风险。

（二）蛋白质和氨基酸

与能量需要类似，公猪的氨基酸需要也由维持、生长、配种活动和精液生产的需要构成。但是，由于缺少对性成熟后公猪的蛋白质营养模型的研究，目前尚未建立析因法估计种公猪蛋白质和氨基酸需要的方法。NRC（2012）中关于公猪氨基酸的营养需求参考的是发表于 1974—1994 年的 4 个研究。性成熟后公猪的最低蛋白质和氨基酸需求被认为是：每天摄入 260g 蛋白质可以满

表 4-3 公猪能量、氨基酸和钙磷的营养需要推荐

	资料来源	NRC，2012	美国 National Swine Nutrition Guide，2010		加拿大 Genesus，2018	丹麦 Danbred manual，2020		PIC Boar Stud Management Guidelines，2017 Nutrient specification manual，2016					中国 猪营养需要，2020	
推荐日粮营养水平	体重，kg		136～180	180～295		105～250	＞250	＜159	159	205	250	295	130～170	170～300
	预期采食量，kg	2.5	2.5	2.7	—			2.3	2.5	2.7	3	3.3	2.35	2.65
	DE，MJ/kg	14.24	—	—	—	—	—	—	—	—	—	—	14.32	14.32
	ME，MJ/kg	13.81	13.81	13.81	—	12.50	13.00	12.92	12.92	12.92	12.92	12.92	13.77	13.77
	NE，MJ/kg	10.36	10.21	10.21	9.63	9.50	9.80	9.66	9.66	9.66	9.66	9.66	10.59	10.59
	SID-Lys，%	0.51	0.64	0.64	0.75	5.8	5.8～6.2	0.62	0.62	0.62	0.62	0.62	0.57	0.50
	SID-Met，%	0.08	0.17	0.17	—	—	—	—	—	—	—	—	0.09	0.08
	SID-M+C，%	0.25	0.45	0.45	0.53	—	—	0.43	0.43	0.43	0.43	0.43	0.28	0.25
	SID-Thr，%	0.22	0.47	0.47	0.57	—	—	0.46	0.46	0.46	0.46	0.46	0.25	0.22
	SID-Trp，%	0.2	0.12	0.12	0.15	—	—	0.12	0.12	0.12	0.12	0.12	0.22	0.2
	SID-Ile，%	—	—	—	—	—	—	—	—	—	—	—	0.35	0.31
	SID-Val，%	0.27	0.44	0.44	0.51	—	—	0.42	0.42	0.42	0.42	0.42	0.3	0.26
	总钙，%	0.75	0.85	0.85	0.9	0.68	0.68	0.8	0.8	0.8	0.8	0.8	0.75	0.75
	可消化磷，%	0.33	0.35	0.35	0.45	0.25	0.25	0.45	0.45	0.45	0.45	0.45	0.21	0.21
	NDF，%	—	—	—	—	—	—	＞11	＞11	＞11	＞11	＞11	—	—

（续）

	资料来源	美国		加拿大	丹麦			PIC					中国	
		NRC，2012	National Swine Nutrition Guide，2010	Genesus，2018	Danbred manual，2020			Boar Stud Management Guidelines，2017 Nutrient specification manual，2016					猪营养需要，2020	
推荐营养摄入量	DE，MJ/kg	33.82	—	—	—	—	—	—	—	—	—	—	33.64	37.94
	ME，MJ/kg	32.81	34.53	37.30	—	—	—	29.71	32.29	34.88	38.75	42.63	32.36	36.49
	NE，MJ/kg	24.61	25.53	27.58	—	—	—	22.22	24.15	26.09	28.98	31.88	24.89	28.06
	SID-Lys，g/d	11.99	16	17.28	—	—	—	14.3	15.5	16.7	18.6	20.5	13.4	13.25
	SID-Met，g/d	1.96	4.25	4.59	—	—	—	—	—	—	—	—	2.12	2.12
	SID-M+C，g/d	5.98	11.25	12.15	—	—	—	9.89	10.75	11.61	12.9	14.19	6.58	6.63
	SID-Thr，g/d	5.19	11.75	12.69	—	—	—	10.58	11.5	12.42	13.8	15.18	5.88	5.83
	SID-Trp，g/d	4.82	3	3.24	—	—	—	2.76	3	3.24	3.6	3.96	5.17	5.3
	SID-Ile，g/d	—	—	—	—	—	—	—	—	—	—	—	8.23	8.22
	SID-Val，g/d	6.52	11	11.88	—	—	—	9.66	10.5	11.34	12.6	13.86	7.05	6.89
	总钙，g/d	17.81	21.25	22.95	—	—	—	18.4	20	21.6	24	26.4	17.63	19.88
	可消化磷，g/d	7.84	8.75	9.45	—	—	—	10.35	11.25	12.15	13.5	14.85	5	5.57
	NDF，g/d	—	—	—	—	—	—	>253	>275	>297	>330	>363	—	—

注：DE，消化能；ME，代谢能；NE，净能；SID-Lys，回肠标准可消化赖氨酸；SID-Met，回肠标准可消化蛋氨酸；SID-M+C，回肠标准可消化蛋氨酸+半胱氨酸；SID-Thr，回肠标准可消化苏氨酸；SID-Trp，回肠标准可消化色氨酸；SID-Ile，回肠标准可消化异亮氨酸；SID-Val，回肠标准可消化缬氨酸；NDF，中性洗涤纤维。

足营养需求，粗蛋白含量为14%～15%，总赖氨酸含量为6～7g/kg。其余氨基酸含量按照妊娠母猪理想氨基酸模型设定。按照该营养推荐，使用类似妊娠母猪所需的氨基酸水平可满足性成熟后公猪的营养需要。

在以上推荐水平上提高蛋白质或氨基酸供给，有提高性欲的作用。但只有在过度使用的公猪中，提高饲料的蛋白质、赖氨酸或者蛋氨酸的水平才会有提高公猪精液生产的作用，而在正常的采精频率下并没有显著影响。基于以上，NRC（2012）中未分体重阶段推荐公猪营养需要，给出的性成熟后公猪氨基酸的需要量较低，标准回肠可消化赖氨酸（standardized ileal digestible lysine，SID-Lys）的推荐量为0.51%。其他的一些营养推荐指导文件，如《美国猪营养指导》《丹育猪公猪饲养指南》《PIC公猪饲养指南》中的氨基酸推荐量较NRC（2012）高15%～20%（表4-3），其推荐范围为0.62%～0.75%。

二、矿物质和维生素

（一）矿物质

在常量矿物元素中，不同营养推荐材料对钙的推荐量为17～21.25g/d；有效磷的推荐量为6.25～11.25g/d，差异较大。其中，丹育公司对钙磷的推荐量较低。

青年公猪的微量元素需要量与同体重空怀母猪的营养推荐基本一致。其中一些对精液品质有重要影响的营养素值得重点关注。锌是精子发生过程的必需微量元素。此外，锌还对于维持肢蹄健康十分关键。公猪锌的推荐量50～180mg/kg。硒缺乏会降低精子活力，以及总有效精子数。公猪硒的推荐量为0.3～0.5mg/kg。铬缺乏会损害雄性动物的繁殖力并降低抗应激能力。

（二）维生素

在维生素中，维生素A、维生素D和维生素E对公猪的精液质量有重要影响，而生物素可能与肢蹄健康密切相关。大多数营养推荐中对于性成熟后公猪使用了相同的维生素水平。值得注意的是，NRC（2012）推荐的是在理想条件下维持生产性能的最低营养需要量。为了应对生产中可能存在的各种应激，以及达到改善精液品质或肢蹄病发生等目的，在实践中一些维生素和微量元素的量会在NRC（2012）的基础上提高。这也是一些育种公司推荐的维生素的营养需要高于NRC（2012）的重要原因。具体的矿物元素和维生素的需要量见表4-4。

表 4-4　公猪微量元素和维生素的营养需要推荐

来源		美国	加拿大			英国 PIC					中国	
参考资料		NRC，2012	Replacement Gilt and Boar Nutrient Recommendations and Feeding Management，2010 Breeding boar nutrient recommendations and feeding managemen，2010		Genesus Feeding Guidelines，2018	Boar Stud Management Guidelines，2017 Nutrient specification manual，2016					猪营养需要，2020	
体重，kg			136～180	180～295	—	<159	159	205	250	295	130～170	170～300
预期采食量，kg		2.5	2.5	2.7	—	2.3	2.5	2.7	3	3.3	2.35	2.65
矿物元素推荐水平	钠，g/kg	1.5	1.5～2.5		2.00	2.20					—	—
	氯，g/kg	1.2	1.2～3		—	2.20					1.20	
	镁，g/kg	0.4	—		—	—					0.40	
	钾，g/kg	2	—		—	—					—	
	铜，mg/kg	5	5～20		15	15					5	
	碘，mg/kg	0.14	0.15～0.5		1	0.35					0.14	
	铁，mg/kg	80	80～200		150	100					80	
	锰，mg/kg	20	20～45		50	50					20	
	硒，mg/kg	0.3	0.15～0.3		3	0.3					0.3	
	锌，mg/kg	50	50～200		120	125					50	

（续）

来源		美国	加拿大		英国 PIC	中国
参考资料		NRC，2012	Replacement Gilt and Boar Nutrient Recommendations and Feeding Management，2010 Breeding boar nutrient recommendations and feeding managemen，2010	Genesus Feeding Guidelines，2018	Boar Stud Management Guidelines，2017 Nutrient specification manual，2016	猪营养需要，2020
维生素推荐水平	维生素 A，IU/kg	4 000	3 968～15 432	12 000	9 921	4 000
	维生素 D，IU/kg	200	198～1 543	1 500	1 984	800
	维生素 E，IU/kg	44	44～88	70	66.1	80
	维生素 K，mg/kg	0.5	0.6～6.6	4.5	4.4	0.5
	生物素，mg/kg	0.2	0.2～0.7	0.45	0.22	0.2
	胆碱，g/kg	1.25	0.55～1.1	0.65	0.661	1.3
	叶酸，mg/kg	1.3	1.8～4	2	1.32	1.3
	烟酸，mg/kg	10	11～77.2	45	44.1	10
	泛酸，mg/kg	12	11～44.1	35	33.0	12
	核黄素，mg/kg	3.75	4.4～17.6	10	9.9	3.8
	硫胺素，mg/kg	1	—	2	2.2	0.9
	吡哆醇，mg/kg	1	0～5	3.3	3.3	1.2
	维生素，B_{12}，μg/kg	—	15.4～44.1	40	37.5	16

第三节　延长公猪种用年限的营养调控技术

公猪的精液品质差、肢蹄病和疾病是导致种用年限缩短的重要因素。一些特定的营养物质，如n-3多不饱和脂肪酸（n-3 polyunsaturated fatty acid，n-3 PUFA）、精氨酸和硒等对提高公猪精液品质具有调控作用。此外，特定的矿物元素和维生素对猪的肢蹄健康也有一定的调控作用。日粮纤维对降低胃溃疡发生有一定作用。需要注意的是，由于公猪精子从发生到射精的过程至少需要6周，因此，营养调控的效果至少需要6周才能表现出来。

一、提高精液品质的营养调控技术

（一）功能性氨基酸和脂肪酸

1. 功能性氨基酸　精氨酸是精子生成所必需的营养物质。在夏季高温条件下，公猪日粮精氨酸水平为0.8%～1%，可以提高猪的精液品质；而精氨酸水平为0.8%有利于提高公猪的性欲。精氨酸对精液品质的作用，可能是其增加了基质蛋白的合成。

N-氨甲基谷氨酸（N-carbamylglutamate，NCG）对促进精氨酸的内源生成具有重要作用。在基础饲料中添加0.1%的NCG（含量为95%），虽然没有提高精液的产量、精子密度、总精子数，但却显著提高了有效精子数、精子活力和精子活率，显著降低了畸形率。NCG调控公猪精液品质的作用效果和机制可能与精氨酸类似。

机体的氧化还原状态与精子活力密切相关。牛磺酸是蛋氨酸的代谢产物，具有一定的抗氧化作用。饲喂成年大白种公猪含有6g/kg牛磺酸的饲料46～90d，显著提高了种公猪的性欲、改善了精子密度和精子畸形率，显著降低了精子的氧化损伤。

2. n-3多不饱和脂肪酸　公猪精子细胞膜中含有丰富的长链多不饱和脂肪酸（long chain polyunsaturated fatty acids，Lc-PUFAs），主要是二十二碳六烯酸和二十碳五烯酸。DHA在膜磷脂中的分布特点是使精子在运动、精卵结合时更具有柔韧性、伸缩性，同时在精子膜结构和功能的完整性、流动性中扮演重要角色。然而，在生产条件下公猪日粮以玉米-豆粕型饲料为主，饲料n-6/n-3比值一般均大于10∶1，与精子膜脂肪酸组成中n-6/n-3比值相距较大。

近二十年来，有众多通过饲料添加亚麻籽、鱼油、海藻油等富含n-3 PUFA

的原料，调控精子脂肪酸组成和精液品质的研究。从调控精子脂肪酸组成的结果上看，连续饲喂富含 n-3 PUFA 的饲料 6 周以上，一般均会显著改变精子的脂肪酸组成，显著提高 n-3 PUFA 的比例。但饲料 n-3 PUFA 对精液品质影响在不同研究中却表现出不一致的结果。之所以会产生调控结果上的差异，可能与精子脂肪酸的氧化状态有关。因此，在利用提高饲料 n-3 PUFA 的方式调控精子脂肪酸组成时，应提高饲料的抗氧化剂水平，以防止脂质过氧化发生，从而保证饲料 n-3 PUFA 对精子活力的调控效果。当饲料 n-6/n-3 比值为 6.6，应同时将维生素 E 的含量从 200mg/kg 提高到 400mg/kg，或者添加 12.5mg/kg 的止痢草油。该调控方案能有效提高精子活力，并降低精子氧化损伤。

（二）矿物质和维生素

1. 矿物质 矿物质作为机体组织结构成分、体液成分和主要代谢途径中的各种酶的组成部分，是哺乳动物生理生殖功能所不可缺少的。其中，硒、锌等元素在保障公猪精子生成和维持精液品质中发挥重要作用。

（1）硒 硒作为动物生产中不可缺少的微量元素之一，参与谷胱甘肽过氧化物酶的合成，消除体内自由基，并与雄性动物的精液品质具有重要关系。饲料中 0.5mg/kg 有机硒的添加能够显著提高公猪射精量和精子密度，或达到提高精子活力和改善形态的效果。已经被证实具有调控效果的有机硒包括酵母硒、硒代蛋氨酸，并且已经明确在相同添加剂量下，有机硒的调控效果优于无机硒。

（2）锌 锌是参与抗氧化过程中多种关键酶的组成部分。另外，锌也被发现在睾丸间质细胞中合成和分泌睾酮是必不可少的。饲料中无机锌或有机锌的补充均能够提高公猪繁殖性能和正常生理机能，但在饲料中无机锌的添加量远高于有机锌。饲料补充 25.0mg/kg 小肽螯合锌能够提高公猪精子密度和精子质量，增加红细胞分布宽度和提高丙氨酸转氨酶活性，在一定程度上降低贫血症状的发生。在高温暴露条件下，基础饲料中补充 1 500mg/kg 无机锌（$ZnSO_4 \cdot H_2O$）能够保护巴马小型猪免受 40℃热暴露导致的附睾结构损伤，减轻附睾氧化应激，恢复顶部上皮完整性，降低主细胞和基底细胞核内糖皮质激素受体的应激反应。

2. 维生素

（1）维生素 E 在有关营养物质对公猪精液品质和精子储存期质量的影响中，抗氧化剂类营养物质一直占据重要地位。维生素 E 是经典的具有抗氧化功能的维生素。尽管缺乏维生素 E 会导致精子形态受损，但是在满足营养需要的基础上再提高日粮维生素 E 水平并不会降低精子的畸形率，但却显著增加了精子密度。值得注意的是，维生素 E 的调控效果与环境条件、日粮多不饱和脂肪酸水平关系密切。在高温环境下，应在 NRC 推荐量的基础上提高饲料维生素 E 水平 1 倍，以保护精子细胞膜免受氧化损伤。在饲喂添加鱼油的饲料时，维生素 E 的水平应提高到 400mg/kg，以达到提高精子活力，并降低精子氧化损伤的效果。

（2）维生素 D 和 25－OHD_3　维生素 D 对公猪的精液品质也具有调控作用。饲料中的维生素 D 添加量为 2 000IU/kg 时，能显著提高精子活率和有效精子数。值得注意的是，与同等水平 25－OHD_3 能更好地改善精子的形态和运动能力，提高公猪的繁殖性能。维生素 D 对精液品质的调控作用可能与其提高血浆睾酮浓度，增加精浆 Ca^{2+} 和果糖水平以及酸性磷酸酶的活性有关。

二、改善肢蹄健康和降低胃溃疡发生的营养调控技术

（一）日粮纤维

生产中大约有 5%的公猪因为胃溃疡而被淘汰。提高饲料的纤维水平则会降低胃溃疡的发生率和疾病严重程度。在公猪饲料中推荐日粮纤维的含量应不低于 5%。甜菜渣配合 0～15%燕麦和>35%大麦可以提供优质的纤维。

除减少胃溃疡发生以外，日粮纤维还具备其他重要的生理作用。如前所述，不论是青年公猪还是成年公猪均采用限制饲养的模式，并且饲喂量与随意采食量差距较大。限制饲养可能会导致饥饿并降低采食行为，这会导致采食动机的抑制和刻板行为的增加。增加饲料中的纤维含量可以提高限饲模式下的公猪福利，降低刻板行为。日粮纤维降低饥饿和维持饱感时间的作用机制是多方面的。一方面，日粮纤维的低容重和吸水膨胀特性可以增加胃的充盈度，从而提高饱腹感。另一方面，增加日粮纤维水平还可能延长胃排空和食糜流通速度，从而使饱腹感维持更长时间。此外，提高可溶性纤维的含量还有利于血糖水平的维持，从而延缓下次摄食的启动。通过满足公猪的饱感，改善其行为学特征，将有利于公猪保持平静，易于开展采精和治疗等工作。

（二）矿物质和维生素

生物素对猪蹄部损伤具有积极影响，生物素的低效利用增加了猪患跛行的

风险。为防止肢蹄损伤，日粮的生物素水平可提高到 1 000mg/kg。此外，提高钙、磷水平可降低公猪蹄跟和蹄角损伤发生率。另外，提高一些维生素和微量元素的添加量，如 $1,25\text{-}(OH)_2D_3$、锰、锌等可改善母猪的肢蹄健康，这些调控措施在公猪中的调控效果尚需要进一步证实。

第四节 公猪的饲养方法

公猪的饲养不仅对其生长发育有重要影响，而且会影响其肢蹄健康、性欲和精液品质。良好的公猪饲养需在确定适宜增重的基础上，采用合适的饲喂模式，确定合适的饲喂量，并根据公猪的体况进行饲喂量的调整。

一、青年公猪

（一）饲养目标

通过限制饲养控制青年公猪适宜的增重并维持良好的体况，是青年公猪饲养的重要目标。在开始采精后，应该注重饲养对公猪性欲以及精液产量和品质的影响。

对于人工授精站的公猪而言，让 90%种公猪的体况为“正常”是重要的饲养管理目标。在 5 分的体况评价体系中，评分为 3～3.5 分是适宜的体况标准，也可以通过测定背膘来更客观和准确地反映体况。需要注意的是，不同遗传背景公猪的最适背膘厚可能存在差异。丹系公猪适宜的背膘厚为 13～16mm。目前除丹系猪外，尚未有系统的研究能提供翔实的参数。

对于人工授精站而言，控制青年公猪增重的主要目的是为了降低肢蹄病发生的风险。而传统意义上通过控制公猪体型来适应后备母猪自然交配的体型需求，则不应该再成为人工授精站公猪的主要饲养目标。

（二）饲喂模式和饲喂量

《美国猪营养指导》和《丹育猪公猪饲养指南》中均推荐在公猪选留作种后（105kg 或 5～6 月龄）进行限制饲养，以防止体重过度增加。在从自由采食向限制饲养过渡的过程中，应该逐渐降低采食量，以实现平稳过渡。

如前所述，对于美系杜洛克公猪而言，当体重为 170～200kg 时日均消化能量摄入水平为 32.23MJ、日增重为 454.5g 较为适宜。在该饲喂量下可以保证杜洛克公猪获得最佳的射精量、总精子数和有效精子数，维持公猪正常性欲，同时降低阶段肢蹄病发病率和淘汰率。尽管高于该饲喂水平会有利于总精子数和有效精子数的提升，但是会显著降低公猪性欲，并增加阶段肢蹄病发生风险，从而影响种用年限。需要注意的是，该阶段限制能量摄入量的目的是防止体重过度增长，但氨基酸、矿物质和维生素等营养应得到充分保证。

青年公猪应该保持适宜的体况。如果体况低于标准，则应该在上述饲喂量的基础上增加 450g 饲料（代谢能 12.56MJ/kg）；如果体况高于标准，则应该减少 225g 饲料。在青年公猪首次调教时应该做第一次体况检查，随后应在公猪从隔离舍转到生产舍时再次测定，每次测定后需根据测定情况对饲喂量进行适当调整。除检查体况外，还应监测青年公猪的生长速度是否与预期目标符合。

二、成年公猪

（一）饲养目标

与青年公猪类似，成年公猪的饲养也应该保持适宜的体况和增重，并且还应该使公猪获得最佳的精液产量和品质，同时保持旺盛的性欲，并减少肢蹄问题和淘汰率。1～2 岁成年公猪的增重目标为 180～250g/d，全年的体增重应为 65～90kg。对于 2 岁以上的公猪，因为其已经接近成年体重，增重会明显降低。体重 300kg、350kg 和 400kg 的成年公猪增重目标分别为 200g/d、100g/d 和 50g/d。

（二）饲喂模式和饲喂量

成年公猪应继续采用限制饲养的模式，其饲喂量取决于体重和体况。表 4－5 列出了不同体重下正常体况的成年公猪饲喂量。如果公猪体况低于标准则应该在表 4－5 列出的饲喂量基础上增加 450g 饲料（代谢能 12.56MJ/kg）；如果体况高于标准，则应该减少 225g 饲料。进入生产群后每两个月检查公猪体况，并对饲喂量做相应调整。

如果温度低于 20℃，则温度每降低 1℃，增加饲喂量 80g/d。此外，PIC 提供了一个在线饲喂量计算工具，该工具通过设定公猪体重、温度、饲料能量浓度后，可估计年度的平均每天饲喂量。需要注意的是，该饲喂量是在标准体况下的饲喂量，其中体况是以腹围长度来规定的。工具的网址如下：https://genuspicboarfeedingtool.z14.web.core.windows.net/。

表 4-5 成年公猪的饲喂量[a]

体重，kg	ME，MJ/d[b]	NE，MJ/d[c]	饲喂量，kg/d
250	35.16	26.37	2.8
300	36.42	27.21	2.9
350	40.19	30.14	3.2

注：a. 参考 Close 和 Roberts（1993）模型；基于能量浓度为代谢能 12.56 MJ/kg 的饲料计算。

b. ME，代谢能。

c. NE，净能，按照代谢能×0.75 估算。

第五章

猪人工授精站的生产管理

良好的生产管理是保障种公猪优秀生产性能的关键。人工授精站的生产管理主要包括后备公猪的隔离驯化管理，以及转入生产群后的生产管理。其中，隔离驯化期的管理目标在于为生产群提供可用于精液生产、无生物安全风险的优质公猪。生产公猪管理的主要目标是维持公猪良好的性欲，获得最佳的精液生产性能并尽可能延长种用年限。加强公猪的日常管理、饲喂管理和肢蹄健康管理，并为公猪提高良好的环境条件对实现上述目标具有关键的作用。此外，还应建立合理的公猪淘汰原则和制度，及时淘汰无生产价值的公猪，从而提高猪人工授精站的经济效益。

第一节　后备公猪的隔离驯化

后备公猪进入人工授精站以后，至少需在隔离舍饲养45～60d，完成病原和抗体检测以及疫苗注射等。在此期间还要完成采精的调教。完成隔离驯化的后备公猪方可转入生产群。

一、隔离的准备

（一）人员

要安排专门人员负责隔离舍的饲养管理工作。一旦进入隔离猪舍以后，在隔离舍工作的人员，应该与其他工作人员实行零接触。一旦进入其他猪舍后，则需要沐浴、更衣和消毒，并至少隔离一夜后，才能再次进入隔离舍。

（二）栏舍和物资

隔离舍必须与在群公猪栏舍严格分离。出于生物安全的考虑，在公猪到达人工授精站前，需要对隔离舍进行清洗、消毒和干燥，并应清空泡粪池的粪污。参考丹育公司操作手册主要工作流程如下：

（1）在冲洗前应对墙面、地板和所有设施设备的表面进行去污剂喷淋，并保持12～24h。

（2）高压水枪（清水）冲洗至所有表面洁净后，再用高压水枪（去污剂＋水）冲洗，然后用高压水枪（清水）再次冲洗，随后进行消毒。

（3）干燥，应保证环境温度高于 20℃。在进猪前应达到完全干燥的状态。可以考虑在栏圈中铺设稻草和垫料。

此外，饮水系统的消毒也十分重要。饮水器形成的生物被膜中可能存在大量的致病菌。因此，需要对饮水系统冲洗两次后进行消毒，并至少再进行一次全系统的冲洗。主要步骤如下：

（1）对所有饮水器表面冲洗后进行第一次饮水系统冲洗（图 5－1 和彩图 19）。

（2）在种公猪到达前一天进行第二次冲洗。

（3）饮水系统中注入清洁剂并保持约 5h。

（4）在种公猪到达前用清水冲洗至少 1 次。

图 5－1　饮水器冲洗（用夹子夹住饮水器可达到冲洗目的）

后备猪隔离舍的适宜温度为 15～20℃。隔离舍的工作服和靴子等工具应为专用，并提前做好消毒工作。准备公猪饲料、疫苗、治疗药物等其他必需的生产资料。建议有条件的场准备少量与后备公猪来源场营养水平和饲料组成相似的饲料，以帮助后备公猪更平稳地过渡。

（三）后备公猪的运输

后备公猪在转运过程中应尽量控制应激、损伤和疾病的发生。如果应激和疾病导致了体温的极端变化可能会损害公猪的繁殖力，甚至会发生持续时间长达 6～8 周的暂时性不育。因此，在后备公猪转运时应注意以下环节：

①在装车之前对运输车辆进行清洗和消毒。

②车辆应有温度控制系统，并在车厢铺垫料。

③不要在采食后 2h 内装车运输。

④将来源不同栏圈的公猪放置在车厢的不同栏位中。

⑤装车和卸车时禁止暴力驱赶。

⑥根据公猪的体重，运输车的温度和运输距离保持适宜的运输密度（表 5－1）。

公猪接收时应核对猪信息，确认已经完成的免疫程序。需保证公猪能及时获得干净的饮水和饲料。

表 5-1　依据公猪体重、车厢温度和运输距离的适宜运输密度

体重，kg	不同车厢温度每头公猪需要的面积，m^2			
	≤27℃	27～32℃	≥32℃	≥32℃且运输距离≥400km
109～117	0.3	0.4	0.4	0.5
118～138	0.4	0.4	0.5	0.6
139～165	0.5	0.5	0.5	0.7

资料来源：《PIC 公猪饲养指南》。

二、隔离驯化期的管理

（一）饲喂管理

为降低环境改变导致的应激，建议有条件的场在后备公猪到达隔离舍的当天应饲喂与供种场相似的饲料，然后逐步换料。根据公猪体重，在隔离期每天饲喂公猪 2.3～2.5kg 饲料（饲料的营养水平见本书第四章）。在隔离舍中不要采用药物保健饲料，防止疾病症状被掩盖。

保证饮水充足和洁净。每头公猪每天的饮水量约为 17L。为达到该饮水量，应保证饮水器的出水速度不低于 1L/min，并且应该每月检查一次出水速度。在清理料槽时应检查饮水器是否正常工作。饮水质量应符合畜禽饮用水水质标准（NY 5027—2001 无公害食品），每年应两次检查水质。此外，部分元素、总可溶固形物的含量未在 NY 5027—2001 中被规定，但在 NRC（2012）等其他畜禽饮水质量中有推荐，也可作为监控饮水质量的参考（表 5-2）。

表 5-2　猪的饮水质量标准

项目	单位，mg/kg	项目	单位，mg/kg
钙	＜1 000	汞	＜0.003
氯	＜400	亚硝酸盐	＜10
铜	＜5	硝酸盐	＜100
氟	＜2～3	磷	＜7.80
碳酸钙	＜ 60 软 ＞200 硬	钾	＜3

（续）

项目	单位，mg/kg	项目	单位，mg/kg
铁	＜0.5	钠	＜150
铅	＜0.1	硒	＜0.05
镁	＜400	总可溶固形物	＜1 000
锰	＜0.10	硫酸盐	＜1 000
		锌	＜40
每毫升的总菌落数 37℃/99℉	＜200/mL		
每毫升的总菌落数 22℃/72℉	＜10 000/mL		
大肠杆菌/100mL	0		

资料来源：改编自 NRC（2012）、水质指南特别工作小组（1987）和《加拿大水质指南》。

（二）健康管理

根据入站公猪的年龄、公猪站的疾病情况以及公猪入站前的免疫情况，合理安排免疫程序。根据不同场的情况，制定特定疾病的检测方案，对所有公猪采血测定。具体的疾病检测方案建议见本书第八章。不同场的免疫程序和疾病检测方案应根据兽医意见适时调整。如果公猪的健康状况不理想，应延长隔离时间直到通过健康检查。

此外，每天还要检查公猪是否有疾病和受伤迹象，如厌食、精神萎靡和肢蹄病等，并记录异常情况及其发展状况。如果症状恶化，应及时联系兽医处理。

（三）采精调教

1. 调教月龄　调教应在公猪的性欲和精液生成能力发展到较为成熟的阶段才开始。公猪大于 6.5 月龄时开始调教效果较好，如果过早调教则调教失败的比例会较大，而且会降低公猪的种用年限。但大于 9 月龄才调教也会增加调教的难度。所以，适宜开始调教的月龄应在 6.5～9 月龄。对于后备公猪的调教而言，4 周内的调教成功率高于 90%是人工授精站的重要目标。

2. 人猪接触关系的建立　在正式开始调教之前，应该尝试建立良好的人猪接触关系。当进入猪栏与公猪接触时，应注意以下关键点：所有的接触应该轻缓，可通过轻抚其后背以获得较好的人猪接触关系，可通过声音或者哨声训练增加公猪对人的熟悉程度；允许公猪的主动且友好的接触，这将会使公猪感觉更为舒适，从而有利于在后续调教工作的开展；为保证安全，应手持挡猪板，且对公猪的攻击反应保持警惕。但注意不要使公猪养成顶咬档猪板的坏习惯。

3. 调教方法

（1）调教准备　清理掉采精区所有可能分散公猪注意力的东西。设置合理大小的采精区域，保障公猪不能过度自由地活动。可在采精区旁安排一个待采精栏，当前一头公猪调教时，下一头公猪可在待采精栏准备。为保证工作人员安全，应确保人猪接触时公猪的舒适度。根据公猪的大小调节假母台的高度，保证公猪上台后腿-腹部夹角约为 120°。此外，还需准备采精所需的设备和耗材，详见本书第六章。

（2）调教操作

1）将公猪赶入待采精栏，旁观其他公猪采精，激发性欲。

2）将公猪赶入采精栏，通过模仿发情母猪叫声，按摩刺激阴茎诱导公猪爬跨假母台。

3）根据是否采用自动采精系统，参照如下方法完成调教：

①未采用自动采精系统的调教方法。

A. 用 0.1% $KMnO_4$ 溶液清洗其腹部及包皮，挤出包皮积尿，再用清水洗干，抹干。

B. 挤压包皮以刺激公猪并尽可能使其关注到假母台。

C. 一旦公猪爬上假母台后，辅助阴茎到达锁定状态，开始采集精液，具体操作参照本书第六章内容。

D. 在采精的同时应注意观察异常情况，如阴茎无法达到直挺状态，包皮无法上翻，并及时反馈给公猪的供应商。

每周调教 4～5 次，可连续 2d 调教后休息 1d，再连续调教 2d。

②采用自动采精系统的调教操作。

A. 在调教第一天根据 1）中列出方法完成采精。

B. 第 2 天，采用 1）中列出方法采集 1min 内首次射精的精液。

C. 随后，将阴茎套入自动采精系统中完成精液采集。

休息 1d 后，再连续 2d 重复 B～C 步骤。

（3）调教成功的判断　如果公猪首次采精成功，则应该连续 2d 重复调教以加强公猪的学习经验。连续 3 次调教成功采集到公猪精液可认为调教成功。待完全调教成功后，对尚未转入生产群的青年公猪每周采精 1 次或每

10d采精1次。出于生物安全的考虑，隔离期公猪采集的精液可不用于生产。

4. 注意事项

（1）如果公猪在5min之内没有爬跨上采精台，或超过20min仍没有完成调教，则应停止调教，改在第2天重新调教；或者可以应用前列腺素（在所在地允许使用的前提下）。

（2）不要在采精区进行疫苗注射、治疗和剪牙等会产生明显应激的操作。

（3）当将公猪赶往采精区或赶回栏圈的时候，应走在公猪后面，并且使用挡板，禁止暴力驱赶，并保持环境安静。

（4）不同公猪用于适应自动采精系统的时间不同，如果超过4周还没能适应自动采精系统，则考虑改用非自动采精系统调教。

（5）需记录每头猪的调教情况，如果4周后猪群调教成功比例低于80%，可参照表5-3采用干预措施。

表5-3　未能调教成功的公猪比例过高时的检查点

可能原因	干预方法
缺少适宜的刺激	让性欲旺盛的公猪先爬跨假母台，使其气味留在台上；在调教公猪前，让其看其他公猪的调教采精过程；使用轻便的假母台能更好地模拟母猪并且影响公猪
缺少舒适度	调整假母台到适宜的高度；保证假母台周围地面有足够的摩擦力，目的是防止公猪打滑
注意力被分散	调教过程中更不要进行其他动作，如饲喂或冲洗等，同时应保持周围环境安静

资料来源：《PIC公猪饲养指南》。

一般会将调教时获得的精液进行品质检查，包括精子活力、精子浓度、精子形态和射精量等指标。如果连续2次检测不合格，应反馈给公猪供应商；如果8周后仍不能恢复，应淘汰。

第二节　生产公猪的日常管理

青年公猪隔离驯化后需转入生产群。进入生产群后，良好的日常管理是保障人工授精站公猪获得优秀精液品质和种用年限的重要基础。日常管理工作主要包括基础管理、饲喂管理、肢蹄健康管理等。

一、基础管理和饲喂管理

（一）基础管理

1. 栏舍安排 应优先将相同品种、品系的公猪安排在相邻的栏位，再将年龄接近的公猪安排在相邻的栏位。

2. 日常巡查 日常巡查有助于保持公猪的健康和活力，并且可以尽早发现和处置出现的问题。查看是否有异常信号，如缺乏食欲、精神萎靡或肢蹄损伤。此外，还应在公猪栏和采精区均安放温度计，记录猪舍和采精舍每天的最高和最低温度。

3. 环境清洁

（1）环境清洁的重要性 精液细菌污染对精液品质及其货架期均有不利影响。精液中的细菌污染主要来自采精过程中的环境微生物，尽管在生产中很难实现无菌条件下采集精液，但是尽可能减少细菌污染仍然十分重要。此外，地板的洁净对公猪的肢蹄健康有重要影响，湿滑的地面会增加肢蹄损伤的风险。

（2）保证环境清洁的关键点 为保证最佳的环境洁净度，应注意以下关键点：如果采用漏缝地板，应保持干燥和清洁。尽可能保持躺卧区域干燥，无粪污。采用稻草垫料时，应至少每周更换一次，并且进行常规的真菌毒素检验。使用的锯末应根据其受潮的程度，每年更换1～3次。每年对栏舍至少进行一次彻底的清洗和消毒，清洗消毒方案应依据垫料材料和湿度合理选择。保持采精区无粪污和垫料污染。每个采集工作日结束后应对采精区进行清洗和消毒，包括用高压水枪冲洗、去污剂冲洗和消毒剂清洗等流程。清洗时不要忽略假母台的底部。

其他关于采精用具、采精过程和精液加工过程中的洁净操作见本书第六章内容。

（二）饲喂管理

人工授精站公猪的饲喂模式及饲料营养水平见本书第四章，注意饲喂量应根据公猪的体重、体况和环境条件做适当的调整。如采用的是自动料线，应每隔2周校正下料量。每天应在公猪采食完成后及时清理料槽。此外，还需保证公猪的饮水充足和洁净，饮水量和饮水的质量要求参考本章第一节。

二、肢蹄健康管理

（一）肢蹄损伤类型及导致损伤的因素

1. 肢蹄损伤的类型　肢蹄病是导致公猪淘汰的另一大主要原因，因肢蹄病淘汰公猪的比例高达20%～47%，而且会显著缩短公猪种用年限。蹄部损伤被认为是导致猪跛行的三大主要诱因之一。尽管轻微损伤没有显著疼痛的表现，但是随着损伤程度的加剧，可能导致猪产生跛行。

蹄部损伤类型主要包括蹄跟腐蚀、蹄跟与足底连接处分离和撕裂、白线分离和撕裂、蹄壁水平和垂直撕裂、蹄部附近皮肤腐蚀、悬蹄生长过长（图5-2和彩图20）。在我国南方人工授精站中，公猪蹄部损伤发病率高达84.1%。其中，发生的主要类型是白线分离、蹄跟-蹄底连接处撕裂和蹄跟腐蚀。

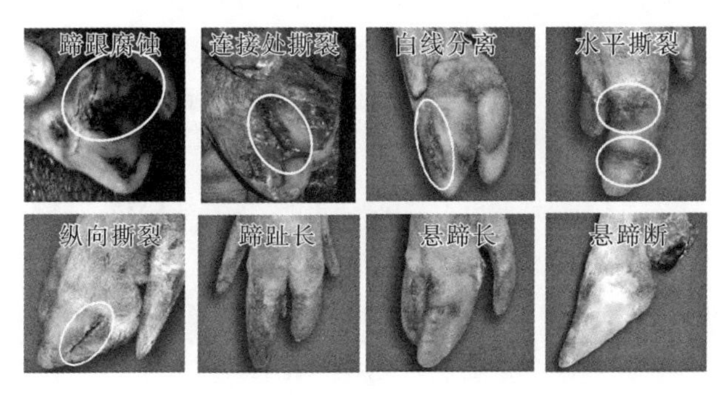

图5-2　公猪肢蹄损伤类型（部分图片引自金宝公司资料）

根据损伤程度对前后蹄内外侧每种损伤类型进行评分：0=正常，1=轻度损伤，2=中度损伤，3=重度损伤。损伤程度以总得分判定，总得分以不同部位不同损伤类型得分相加而得，得分越高表示损伤越严重。蹄部损伤评分详见表5-4。我国人工授精站的调研数据显示，发生肢蹄损伤公猪的平均损伤得分为4.2。

表5-4　蹄部损伤评分标准

评分	评分标准
	悬蹄损伤
1（轻度）	稍长于正常悬蹄
2（中度）	站立是悬蹄触及地面
3（重度）	悬蹄撕裂或部分或完全缺失

（续）

评分	评分标准
	蹄跟生长或腐蚀
1（轻度）	蹄跟轻微生长过长或腐蚀
2（中度）	明显生长过长或腐蚀伴随多处撕裂
3（重度）	生长过长或腐蚀处大量撕裂
	蹄跟-蹄底连接处撕裂
1（轻度）	连接处轻微分离
2（中度）	连接处较长分离
3（重度）	连接处既长又深分离
	白线分离
1（轻度）	白线短和浅的分离
2（中度）	白线发生较长分离
3（重度）	白线发生既长又深分离
	蹄壁横向撕裂
1（轻度）	蹄壁明显出血，短/浅水平撕裂
2（中度）	长但是浅的水平撕裂
3（重度）	蹄壁多处具有深的撕裂
	蹄壁纵向撕裂
1（轻度）	短/浅纵向撕裂
2（中度）	长但是浅的纵向撕裂
3（重度）	蹄壁多处具有深的撕裂

资料来源：Deen 等，2009；Gregoire 等，2013。

2. 影响肢蹄损伤的因素 蹄部损伤和跛行诱发因素很多，一般将其归结为：营养水平、地板系统、舍饲条件、管理水平和疾病因素。骨软骨病、关节软骨、蹄部发育不良和损伤等均可影响骨骼、关节软骨和蹄部健康，其中日粮组成、采食量和饲喂管理在这过程中起着重要作用。

漏缝边缘设计锋利，或者漏缝宽度设计不合理时，容易造成猪卡蹄，进而导致跛行。实体地板并且铺垫厚稻草比铺垫薄稻草以及漏缝或半漏缝地板更有助于减少跛行发病率。地板表面潮湿会降低蹄部坚硬度，易引起蹄跟组织的软化和慢性的刺激，导致蹄跟腐蚀和蹄跟过度生长。与干燥清洁的地板相比，地面环境卫生较差显著增加了蹄部损伤感染和跛行的风险。

（二）管理措施

1. 运动　运动可以增强肢蹄结实度，而且有利于控制适宜的体况，保持良好的性欲和精液品质。公猪的运动可安排每天上、下午各一次，每次运动2km左右，30～60min即可。如果是室外运动，应注意避开夏季高温时间段。考虑生物安全的需求，建议现代化的人工授精站可以考虑在猪舍内建设环形跑道，或者提供每头公猪20m^2左右的饲养面积，以增加公猪的运动。

2. 修蹄　常规修剪能有效地保证公猪蹄部健康，降低淘汰率，提高养殖利润。公猪修蹄可解决猪蹄过长问题，防止其出现跛行，而且能够降低出现蹄裂和进一步损伤的风险。但是，由于操作较为复杂，目前在公猪站中开展日常修蹄的仍较少，建议有条件的公猪站应建立规律性的公猪修蹄制度。

判断公猪蹄部长度的一个简单方法是，观察公猪行走时是否同时使用了4个蹄，如果发现其中有一个蹄部没有着地，就说明可能存在蹄部过长的问题。建议越早观察及修剪公猪蹄部问题，越有利于确保蹄甲长度适中，以及内趾没有向侧面疯长。修蹄应选择公猪休闲时修整，避免在采精栏修整。在日常修剪中，可按以下四步法修剪肢蹄：

第一步：修剪蹄趾

理想的蹄长为50～58mm，青年公猪的蹄部修剪可以更短一些。在修蹄时应当将公猪固定在特定的固定栏内，以防打磨过程中出现伤害，或者使用可吊起的专用修蹄栏，方便修剪操作。开始修剪前首先用尺子测量蹄趾长度，做好修剪标记。用钳子将公猪蹄部末端修剪掉。修剪时要一点点慢慢进行，每剪掉一部分后，要观察确认继续修剪是否安全。一些公猪的蹄部可能有一个过快生长的蹄趾和一个非常短（发育不良）的蹄趾。这种情况下，不能按照短趾的长度来修剪长趾。

第二步：蹄底和蹄壁修整

在用钳子修剪完后，需再用工具将修剪的蹄部末端打磨光滑，以免带来其他问题。公猪的蹄部坚硬，需要用打磨器将其塑造成合适的外形。可用打磨器将蹄部外形塑造成内凹形，也可以采用角度打磨器去掉蹄壁的上端及相应内部结构，使蹄部外形呈现为直线型。蹄趾的过快生长往往使蹄壁发生弯曲，导致蹄趾凹陷。用角磨机将蹄趾端部发生弯曲的部分磨掉，用以矫正蹄壁。打磨后，蹄壁从冠状带到承重面应该是笔直的。

第三步：蹄底、蹄踵找平

公猪蹄底的修整程度取决于猪场所使用的地板。相对于光滑地板饲养的公猪，水泥地板饲养的公猪蹄底磨损程度更高。同样，相对于定位栏来讲，需要投入更多的时间来修整群养公猪蹄底。

用打磨器仔细处理公猪蹄底，使公猪蹄部承担的体重压力能均匀分布。打磨后用蹄刀修整，注意不要伤到内部组织。蹄踵生长过快时，用磨机或蹄刀去掉一些软组织即可。通常，外部蹄踵生长要快于内部蹄踵。不过，如果护理仔细的话，两侧是可以均衡发育的（内部蹄踵本身很小或发育不良的情况除外）。不可将蹄踵修剪的跟蹄底一样平，因为公猪走动时，蹄踵是身体的“第一冲撞”减震器。

第四步：修剪悬蹄

悬蹄的过快生长可能导致肢蹄损伤，甚至影响公猪的正常运动。正常的悬蹄角长度一般为20mm。在修剪时，应将悬蹄的长度与蹄底保持在同一水平面。用钳子去掉多余的悬蹄长度，修剪时要小心，直到保留合适的长度。使用角磨机将悬蹄边缘打磨光滑。

利用锋利的蹄刀将松动摇晃的脚趾修剪掉，直到能看清脚趾内部组织为止。在这个过程中需要特别注意，切勿损伤猪蹄使其流血或伤害到内层真皮。如果出血了，说明修剪得有些过度已经伤到真皮组织了。适当保留些脚趾比修剪过度要好。另外，不要修剪得太深，以防伤到内部组织。具体的修蹄过程可参考金宝公司制作的母猪修蹄视频：https：//v. qq. com/x/page/j3008e0 p7hd. html。

3. 药浴 在公猪采精后返回栏舍的通道上可设置硫酸铜药浴，使公猪肢蹄完成药浴。该方法有利于增加肢蹄的硬度，防止肢蹄损伤。除硫酸铜外，也可使用硫酸锌、福尔马林、戊二醛和季铵类化合物等进行药浴。

4. 栏圈环境管理 注意地板的干燥程度，潮湿的地面可能会导致蹄底变软，增加损伤的风险。此外，对于漏缝地板的缝隙边缘，以及料槽和栏圈均应保证无尖锐棱角。对由于漏缝宽度不适宜导致的悬蹄损伤，可考虑重新调整地板漏缝的宽度。1.3～1.6cm 板条缝隙能够最大限度地降低蹄部损伤的发病率，而 1.9～2.5cm 的板条缝隙会增加猪蹄部和悬蹄损伤的风险。对于采用实体地板的猪舍，可在已经发生肢蹄损伤问题的公猪栏圈里放置垫子以提高公猪的舒适度，并帮助其肢蹄恢复。应该准备能够 10%存栏公猪使用的垫子。保持地面的清洁是预防蹄部损伤感染的有效手段。另外，应保证假母台固定完好，防止公猪爬跨时发生肢蹄损伤。

对于发生物理性损伤及感染的情况，应采用抗生素和抗炎治疗方案，具体内容请参照本书第八章。此外，对于发生肢蹄损伤而跛行的公猪应停止采精，直到其恢复。

第三节　环境控制

公猪舍的环境条件对公猪的精液品质和种用年限有重要影响。温度、湿度、空气质量会不同程度地影响公猪的精液品质。此外，地板的环境条件，如洁净度和潮湿度等会影响公猪的肢蹄健康，从而影响其种用年限。因此，通过控制适宜的通风，采取必要的措施维持环境洁净度，对于人工授精站获得良好的经济效益具有重要意义。

一、环境因素对公猪生产性能的影响

（一）饲养密度

隔离驯化期的青年公猪可以采用单栏饲养，也可以采用混栏饲养。混栏饲养有利于性欲，但需要注意公猪之间的打斗。进入生产群后，公猪一般采用单栏饲养。尽管饲养密度对公猪生产性能的影响尚不清楚，但是在其他猪群的研究均表明饲养密度对动物福利、行为学等方面有一定影响。

（二）温度和湿度

环境温度和湿度是影响公猪生产性能的重要因素。如果环境温度超过29℃，即使是3～4d的短期热应激，就可能会引起公猪精液品质下降，导致与配母猪分娩率和产仔数的降低，而且需要长达8周时间才能恢复。当环境温度为26～29℃，同时空气湿度大于75%，持续时间4周以上时，会显著增加畸形精子数，并且需要6～8周恢复。

监控公猪的呼吸频率是判断其是否发生热应激的简单并有效的方法。呼吸频率可以通过观察胸腔的起伏确定，胸腔的一次扩张和收缩过程可视作完成一次呼吸。公猪正常的呼吸频率为25～35次/min。但当处于热应激条件下时，呼吸频率可能会达到75～100次/min。如果公猪的呼吸频率超过40～50次/min，应该立即采取降温措施。

（三）空气质量

猪舍内如果氨气、硫化氢的浓度过大，会使公猪的抵抗力降低，呼吸道疾病发病率和死亡率升高，同时采食量降低，性欲减退，造成配种障碍。此外，空气中的粉尘、病原微生物通过传播，造成环境污染和某些疾病的流行，如非洲猪瘟、蓝耳病、喘气病等，一旦发病带来的损失不可估量，对于种公猪尤其要严格防疫。

（四）光照和噪音

对于公猪而言，光照时间超过16h，或者黑暗时间小于8h，其性欲会逐渐下降，但其精液品质不会受到持续性的影响。对于光照强度而言，目前没有研究证据支持光照强度会影响公猪的精液品质。

公猪是典型的喜欢安静环境的动物，需要尽可能地减少不必要的噪音产生。同样，在进行采样、治疗和巡查等工作时，也应该保持安静。

二、公猪舍的环境控制参数

（一）饲养密度

青年公猪采用定位栏饲养时，每头猪的占栏面积约为2m^2；生产公猪采用单栏饲养，每头猪的占栏面积为7.5～9.0m^2，有条件的猪场可考虑增加面积以满足公猪的运动需求。

（二）温度和湿度

为避免热应激影响公猪精液品质，理想的畜舍温度应控制18～20℃，夏季时应控制温度＜27℃，同时保证湿度40％～70％。

如果采用的是水帘-风机降温，水帘关闭以室外温度低于27℃；30℃以下应避免水冲洗，保持栏舍干燥，降低肢蹄病发生风险。

（三）空气质量和通风

公猪舍的空气质量控制参数可参照表5－5。

表5－5 公猪舍空气质量控制参数

指标	参数
氨气浓度，mg/m^3	＜20
硫化氢浓度，mg/m^3	＜5
CO_2 含量，mg/L	3 000
粉尘浓度，mg/m^3	≤1.5
有害微生物数量，万个/m^3	≤6

公猪舍的通风不仅会影响温度，而且会影响空气质量和环境湿度。最佳的通风对保障公猪的精液品质，控制环境细菌的生长和保障公猪的肢蹄健康和良好的免疫力均十分重要。通风管理的目标是达到期望的温度设置和保持适宜的湿度和空气质量，维持公猪的舒适度。公猪舍的通风控制参数可参考表 5－6。

表 5－6　公猪舍通风控制参数

指标	季节	参数
每秒风速，m	冬季、春季、秋季	0.2～0.3
	夏季	1.5～1.8
通风换气量，m^3/（h·kg）	冬季	0.35～0.45
	春季、秋季	0.55～0.6
	夏季	0.7

资料来源：参考邓丽萍、谈松林《清单式管理》。

（四）光照

种公猪舍的光照强度推荐 150～200lx，光照时长 10～12h。尽管光照强度对公猪的生产性能没有明显影响，但为了更好地观察公猪的健康状态和体况，应保证充足的光照。在采精栏可适当增加光照到 250lx。

第四节　种公猪的淘汰

一、种公猪的淘汰原因及对种用年限的影响

（一）种公猪的淘汰原因

种公猪的淘汰包括自然淘汰和异常淘汰。自然淘汰包括衰老淘汰和计划淘汰。其中，衰老淘汰是指在生产中使用的公猪，由于已经达到了相应的年龄或使用年限较长，配种机能衰弱、生产性能低下而被淘汰。计划淘汰是指为了适应生产需要和种群结构的调整，针对在群公猪进行数量调整、品种更新、品系选留、净化疫病等，开展的有计划、有目的的选留和淘汰。

异常淘汰是指由于生产中饲养管理不当、使用不合理、疾病发生或公猪本身未能预见的先天性生理缺陷等诸多因素造成的青壮年公猪在未被充分利用的情况下而被淘汰。公猪异常淘汰的原因一般包括体况异常、精子活力差、性欲缺乏、繁殖疾病、肢蹄病和恶癖。

对核心群公猪而言，对于遗传改良驱动的计划淘汰有很强的需求。但对商业化人工授精站而言，如果基因更加优良的精液不能形成对稍差基因精液明显的价格优势，则遗传改良不应该是淘汰时考虑的首要因素。事实上，对于人工授精站中的优秀公猪，应该尽可能降低其异常淘汰的比例。然而，在我国南方的商业化人工授精站中，公猪异常淘汰的比例却较高。其中，肢蹄病、精液品质差及疾病，占淘汰原因的比例分别达到 36.3%、28.0%和 9.0%。

（二）种公猪的淘汰对种用年限的影响

公猪种用年限是指从引种到淘汰时所使用的时间。对于公猪而言，其繁殖力在 9～20 月龄期间不断提高。公猪较高水平的繁殖力会持续到 3 周岁甚至更多。因此，因衰老淘汰的公猪的种用年限至少能达到 36 个月。然而，目前我国人工授精站的种用年限却普遍不足 19 个月。对于人工授精站而言，优秀公猪因为肢蹄病等过早发生异常淘汰是导致种用年限缩短的主要原因。这制约公猪繁殖性能的发挥，进而导致猪场繁殖性能下降，经济损失增加。因此，通过提高公猪性欲，改善公猪精液品质，增强公猪肢蹄强健度，以及做好疾病防控对于降低公猪的异常淘汰，延长公猪种用年限以及提高猪场经济效益具有重要意义。

肢蹄病、精液品质差、性欲差和疾病是导致公猪淘汰的主要原因，因此影响这些原因发生的因素均对公猪的种用年限有影响。此外，通过生产大数据分析发现，杜洛克公猪种用年限显著短于长白公猪，而长白与大白公猪差异不显著；大栏饲养模式下公猪种用年限显著长于定位栏饲养模式公猪；引种 5～6 个月的公猪种用年限显著短于 8～9 个月公猪。

需要注意的是，上述这些因素可能会因为特定场的生产条件不一样而发生改变。因此，在生产中针对特定的人工授精站分析影响种用年限或影响种用年限的精液品质差等因素的发生原因，就显得十分必要。这将有利于准确地剖析出特定场的问题，从而实现客观的、由数据驱动的管理决策。具体的建模分析方法见本书的第七章内容。

二、淘汰原则和制度

（一）淘汰原则

对于人工授精站的公猪而言，在到达衰老淘汰前，出现生产情况异常应及时检查发生原因，并采取针对性措施。一些由于体况异常、饲料真菌毒素污染等导致的精液品质下降的情况，一般能够得到纠正。发生肢蹄病的个体也应该给予积极处理。如果存在不可逆的繁殖障碍或经过 8 周以上的处理仍不能恢复正常生产的，应该予以淘汰。在此基础上，还应结合经营计划开展计划性淘汰。

（二）淘汰制度

1. 更新率目标 对于人工授精站而言，应该保持足够的成年公猪以保障精液生产。对于大部分规模稳定、管理良好的人工授精站，公猪的年更新率应为 25%～50%。

2. 淘汰标准

（1）衰老淘汰 种用年限较长（3 年以上），精液品质显著降低，则应进行淘汰。

（2）计划淘汰 根据数量调整、品种更新、品系选留、净化疫病等计划淘汰。

（3）体况异常淘汰 饲养管理不当可能造成公猪体况过肥或过瘦。如果体况过肥造成配种困难或不能正常配种，此时应对公猪进行限制饲养和加强运动，降低膘情。若不能取得预期效果，应对公猪进行淘汰。如果公猪体况过瘦，体质较差，爬跨困难或不能完成整个配种过程，导致配种操作不利和配种效果较差，此时应对公猪加强营养、减少配种频率或针对性治疗疾病，使其恢复配种理想体况。通过以上操作仍难以恢复的个体，则应进行淘汰。

（4）精液品质差淘汰 已入群的后备公猪或正在使用的种公猪在连续几次检查精液品质后，死精率、畸形率过高，则需要针对性地调整营养、加强管理或治疗。如果连续 2 个月精液品质的合格率低于 20%，则应该淘汰该公猪。

（5）性欲缺乏淘汰 对于性腺退化、性欲迟钝、厌配或拒配的公猪，在加强饲养管理后不能恢复的个体，应该进行淘汰。

（6）繁殖疾病淘汰 某些疾病，如睾丸炎、附睾炎、肾炎、膀胱炎、布鲁氏菌病、乙型脑炎等引起的公猪性机能衰退或丧失，以及其他疾病造成的公猪体质较差，繁殖机能下降或丧失。不能治愈的繁殖疾病和患有繁殖传染病的公猪，应立即进行淘汰。

（7）肢蹄病淘汰 公猪由于运动、配种或其他原因（如裂蹄、关节炎等），可能造成肢蹄，尤其是后肢的损伤。损伤后没有得到及时治疗，造成公猪不能爬跨或爬跨时不能支持本身重量，站立不定，而失去配种能力，这种公猪应及时进行治疗，在不能治愈或确认无治疗价值时应予以淘汰。

（8）恶癖淘汰　个别公猪由于调教和训练不当，可能会在使用过程中形成恶癖，如自淫、咬斗母猪、攻击操作人员等。这种公猪在使用正确手段不能改正其恶癖时，应及早淘汰，以免引起危害。

（9）依据综合指数计算的淘汰标准　Fix 等 2008 年研发了一套数学算法用来决策公猪是否应该被淘汰，以及最佳淘汰时间。该数学工具考虑了人工授精站自定义的生产成本（包括栏舍、饲料、种猪购买、隔离驯化和人工等），以及预期收益（生产精液的经济效益以及与潜在替代青年公猪相比的遗传价值）。从公猪入站开始，根据以上两个因子，该工具可以计算得到一个综合指数，从而客观地评价该公猪最佳的淘汰时间。此外，以不同阶段的实时精液生产价值为参数（一般以 5 周间隔为一个计算点），可以客观地评估公猪是否应该被淘汰。另外，该模型也可用来计算理想的更新率。

第六章

人工授精站种公猪精液生产

人工授精技术是一项提高优良公猪利用效率的实用技术。精液生产是人工授精技术实施的重要工作，包括公猪精液采集与传递、精液品质检测、精液稀释与分装、精液分拣与运输等主要环节。科学、规范地开展这些工作，对提高公猪利用率、保障精液品质优良，提升精液的安全性、精液物流运输的时效性及公猪站的运营管理效率，都具有关键作用。

第一节　精液采集与传递

精液采集是人工授精的首要技术环节。采精的过程主要是利用激发公猪射精过程对压力比较敏感、对温度不太敏感的特点，以及仿生学的原理和方法使公猪顺利射精而获取精液。公猪采精的常用方法有手握法采精和自动采精两种。采精的过程包括采精前准备、精液采集和采精完成后的清理工作等。

一、采精前准备

（一）采精公猪的准备

1. 公猪的引进与调教　经过系统测定选留的后备公猪，需要在隔离驯化场（或隔离驯化舍）进行严格的隔离驯化，检测合格以后才能进入公猪站。

调教采精的工作是在后备公猪性成熟后开始的。由于不同品种的性成熟时间各不相同，开始调教采精的日龄也不相同。如瘦肉型品种一般 6～7 月龄性成熟，7～8 月龄开始调教；杂交公猪调教月龄比纯种公猪早 1～2 个月。我国的地方品种一般 3～4 月龄性成熟，5～7 月龄开始调教。后备公猪可以利用假母台法或发情母猪诱导法进行调教，每次调教时间 10～15min，每天调教 1～2 次，坚持训练 2～3 周，95%以上的公猪都能适应采精。调教后备公猪的时候要有耐心，态度温和，不能粗暴对待或体罚公猪。具体方法参考后备公猪调教。

2. 采精计划的制订　采精计划是根据猪场配种节律和每天精液需求情况，确定当天采精种公猪的品种、耳号和栏号，并且要严格按照固定的采精频率进行采精。公猪的采精频率是指一段时间内的公猪采精次数。采精频率要根据一定时间内公猪产生精子的数量、附睾的贮精量、每次射精量和公猪饲养管理水平来确定。合理的采精频率对维持公猪正常性功能、保持健康体质、获得最多的精子数和高品质的精液至关重要。在实际工作中，不同公猪月龄采精频率不同，不同公猪站采精频率标准有所不同。需要指出的是，固定采精频率比采精频率本身更重要。

对于社会化供精的公猪站，猪场配种员要根据猪场批次断奶时间、断奶母猪数量、需要淘汰母猪数量、需要补充后备母猪数量、配种次数及杂交方式等确定使用精液的时间、数量和品种，由采购人员提前2～3d填报计划表。公猪站根据周销售量、月销售量、季度销售量、不同季节销售量做出敏锐的判断，结合猪精订单计划数量进行生产，做到既保证公猪充分的休息又不至于导致精液浪费。

3. 公猪的日常管理　为了保障公猪安全、高效生产，需要进行科学饲养和规范管理。人工授精站里的公猪用公猪专用料定量饲喂，公猪饲喂后1h内或过于饥饿时不要安排采精。夏季要特别注意防止热应激对公猪精液品质的影响，有必要为公猪创造舒适凉爽的环境。有条件的情况下，适当的驱赶运动或者栏内活动，有利于公猪的肢蹄强健。公猪修蹄、剪獠牙均可在等待采精的定位栏内进行。另外，还要对公猪制订良好的健康管理计划，在公猪每次采精之前要进行健康检查，健康的公猪才能用于精液采集。每隔2周1次剪去公猪包皮部的长毛。采精前要保证公猪体表干净，用水冲洗体表并擦干水渍，防止污染精液。

（二）采精区域的准备

可以在公猪舍外建设专用采精室或者直接在公猪舍中设置采精区域，都要求距离采精公猪较近、环境安静、光线良好，地面平坦不积水、不打滑。每栋公猪舍所需采精位的数量应与公猪精液生产计划相匹配。

采精区域可分为地面采精和坑道采精两种。图6-1和彩图21为坑道采精模式，良好的采精区域准备，可以显著降低人、猪安全风险，提高采精效率，减少精液污染风险。对独立的采精室而言，在采精之前室温要调整到适宜的温度。除了必须物品外，避免放置其他物品，不能放置易倒或

图6-1　坑道采精模式

容易发出较大响声的东西，以免分散公猪的注意力而影响采精。地面采精模式要设置安全区，以便采精人员因突发事情而快速转移到安全区，或者采用人猪分离的新型采精栏，充分保证采精过程中人身安全。

（三）采精设备和耗材的准备

采精前要准备好相关的设备和耗材，包括假母台和防滑垫、恒温培养箱和采精杯、精液过滤纸、一次性手套、自动采精系统等。

图6-2 假母台

假母台（图6-2和彩图22）可以用加厚的钢板卷成或用高强度塑胶制成，要保障公猪爬跨采精时的稳固性，能承受成年公猪的体重。假母台要求弧度流畅，边缘光滑圆润，不能有锋利的突起和毛刺，确保不会对公猪造成伤害。为保障公猪爬跨采精时的舒适性，假母台表面曲线接近母猪背部的样子，表面覆一层橡胶材料或表面浸塑，防滑耐用，高低可调，以适应不同体格的公猪采精，前端有可供公猪前脚趴扶的设置更佳，假母台后下方应有足够的空间，以避免采精时损伤公猪阴茎。假母台还要易清洗消毒，因此不要覆盖麻袋、猪皮等，降低采精时对精液的污染风险。采精用防滑垫使用橡胶材质，防滑抓地，耐踩耐用，抗寒耐高温，清洗方便。

采精前要准备好采精杯。采精人员戴上一次性食品级PE塑料薄膜手套，取出清洗、消毒好的采精杯，将猪采精专用袋放入采精杯内，双手打开采精专用袋袋口，袋口翻转向外包住采精杯口，一只手将其固定，另一只手从采精专用袋内部将其展开紧贴采精杯内壁。再取出三张猪用精液过滤纸，纹理方向交错叠加在一起，两次对折成锥形，锥尖朝下罩住采精杯口，突出部分和采精专用袋袋口一样外翻，用橡皮筋将外翻的精液过滤纸和采精专用袋袋口一起固定在采精杯口处，盖上采精杯杯盖，放入37℃恒温箱中预热备用。具体操作可以参考采精杯准备（视频6-1）。

视频6-1

恒温培养箱主要用于采精杯的预热。使用时将恒温培养箱调节到合适温度对采精杯进行预热。恒温箱在温度比较低的冬、春季节非常必要，同时要监测采精杯在使用时是否预热到设定温度。恒温培养箱容量和生产需求相匹配；温控范围适中，如10～70℃，温度波动度±0.5℃，精度0.1℃，准确恒温，波动小；可以考虑采用加厚保温层以减少热量流失，减少使用过程中的耗电量；内胆可以考虑使用优质不锈钢材质制作，多层隔板槽设计以便能够多层摆放，使受热均匀，提高箱内空间利用率；箱体外壳可以考虑采用优质冷轧板制成，外部表面静电喷塑，防腐性能好，经久耐用。

猪用精液过滤纸采用无纺布制成，无菌包装，适用于大部分采精杯，一次性使用方便，柔韧性好，无碎屑，有效过滤精液杂质。公猪采精用一次性乳胶手套，要求无粉无菌，减少对精子的影响，弹性好，不易撕裂，手感舒适，使用简单。

二、精液采集

（一）爬跨诱导

采精过程中的公猪爬跨诱导是后备公猪采精调教过程的延续和强化，建立良好的条件反射以后，可以显著提高采精效率。引导公猪爬跨假母台顺利采精的方法有以下几种：

1. 气味诱导法　先采集性欲较好的公猪的精液，因为性欲较好的公猪其唾液、精液及尿液等的气味，对顺利采集性欲相对较差的公猪精液起到诱导作用。也可使用公猪诱情剂，先对假母台喷2次，然后间隔6～10cm对公猪鼻喷3次，即可引导公猪顺利爬跨。

2. 声音诱导法　录制一些母猪发情时的叫声，在调教采精时放给待采精公猪听，从听觉上刺激公猪，有助于提高调教成功率和精液采集效率。

3. 观摩诱导法　当一头公猪正在采精时，把待采精公猪赶入待采精栏，让待采精公猪能够看到、听到和闻到采精公猪释放的信息，激发待采精公猪的性欲，轮到其采精时提高爬跨假母台效率。

4. 直接诱导法　将公猪赶进采精栏，驱赶或引诱到假母台附近，利用人-猪亲和训练建立的信任和公猪的探究习性，采精员有节奏性地拍打假母台，并发出“呵呵”等习惯性的口令，引起公猪的注意，诱导公猪爬跨假母台，形成条件反射。

5. 按摩诱导法　将采精公猪赶至采精栏，挤出包皮积尿，清洗擦拭公猪的后腹部及包皮部，人工抚摸、按摩，激发其性欲，诱导其爬跨。

在诱导公猪爬跨和采精的过程中，采精员要有耐心和爱心，动作要轻柔，不能粗暴对待公猪。平时注重人—猪亲和训练，多和公猪进行近距离接触，建立良好的信任关系，降低公猪的恐惧感。采精员要熟悉每头公猪的性格特点和习惯，采用针对性的诱导方法或多种诱导方法同时使用，以便提高采精效率。采精前让公猪熟悉采精栏环境，采精结束后给予公猪相应奖励。

（二）精液采集过程

1. 清洁公猪包皮部 猪爬跨假母台后，采精员戴双层手套挤出公猪包皮腔内积尿和其他残留物，用一次性纸巾擦拭包皮口及其周围部位；也可以用0.1%高锰酸钾溶液等洗净公猪的包皮部并抹干，尽量减少精液污染机会。

2. 精液采集方法 公猪精液采集包括手握法采精和自动采精两种方法。手握法采精时，采精员一只手持集精杯，另一只手戴双层手套按摩公猪包皮部，刺激其爬跨假母台。当公猪爬跨假母台逐步伸出阴茎时，采精员脱掉外层手套，将戴有干净内层乳胶手套的手掌握成空拳模仿母猪的子宫颈，使公猪阴茎导入其内。待公猪阴茎在空拳内来回抽转一些时间后，并且螺旋状阴茎龟头已伸露于掌外1～2cm时，应由松到紧并带有弹性节奏地收缩握紧阴茎，不再让其转动和滑脱，握紧力度适中即可，力度太小容易滑脱，力度太大影响射精。待阴茎继续充分勃起向前伸展时，应顺势牵引向前将其带出。这时要注意千万不要强拉，同时不让转动和滑脱。手掌继续在阴茎螺旋部分的第1和第2螺旋处作有节奏的一紧一松的弹性调节，直至引起公猪射精。射精时可暂时停止弹性调节，在射精暂停时，可恢复弹性调节，直到重新射精为止（图6-3和彩图23）。

图6-3 手握法采精

公猪在一次完整射精过程中有一至数次不等的短暂停顿，将公猪一次完整射精的精液分成三段：浓精、第一次射精中除浓精外的精液及其余部分精液，研究三段精液精子密度、精液量的变化规律。结果表明，浓精精液量显著低于其他两段精液（$P<0.01$），而精子密度及总精子数显著高于其他两段精液（$P<0.01$）；浓精量只占总精液量的约17%，而精子数占总精子数的约71%；公猪完整射精过程中的第一次射精精液量占总精液量的约70%、精子数占总精子数的约95%。因此，在采精时公猪最初射出的少量精液几乎不含精子，不必收集到采精杯中。只需接取第二部分不透明的、乳白色富

含精子部分精液。最后是一些白色胶状液体，精子含量比较少，也可以不采集。

用自动采精系统采精时，首先打开空压机电源，把空压机压力调节到设定值；再打开采精系统主控箱电源，把采精系统压力调节到设定值。采精员戴上双层一次性手套，取出新的内胎装入假阴道内，把假阴道安放到自动采精系统开关手柄上，挂在指定位置待用。诱导公猪爬上假母台，清洁公猪包皮部，取下外层一次性手套。采精人员用右手紧握伸出的公猪阴茎螺旋状龟头，顺其向前冲力将阴茎的S状弯曲延直，握紧阴茎龟头防止其旋转。公猪最初射出的少量（5mL左右）精液不接取，左手持开关手柄，待公猪射出浓精时，左右手密切配合将公猪阴茎快速插入假阴道内，同时打开假阴道进气开关，使假阴道膨胀夹住公猪阴茎。将假阴道安放在假母台上的指定位置，取下开关手柄，将集精袋连接到假阴道上收集精液。待公猪射精完毕，阴茎会自动从假阴道脱出，公猪也会从假母台上下来（图6-4和彩图24）。采精员将假阴道取下，然后取下集精袋，把假阴道放在指定位置，撕掉集精袋上的过滤网，将集精袋打结后贴上标签，传递到实验室检测；关闭假阴道进气开关，取下内胎，清洁假阴道，取下内层手套；戴上双层一次性手套，再放入新的内胎采集下一头公猪精液；完成采精任务后，关闭采精系统主控箱电源和空压机电源，排尽气罐内的空气。具体操作参考精液采集（视频6-2）。

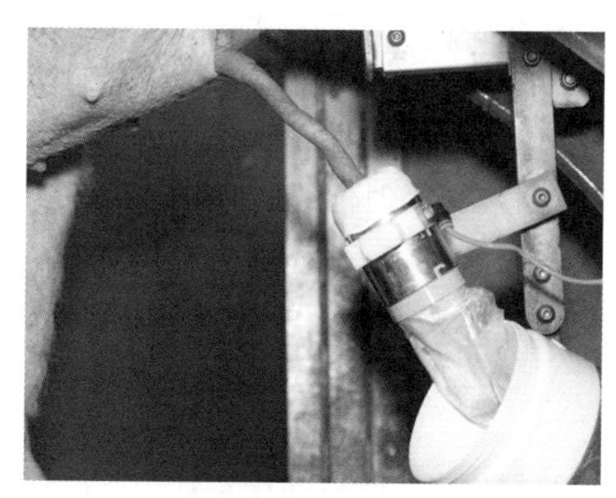

图6-4　自动采精

视频6-2

公猪的射精时间变化很大。正常情况下，成年公猪射精量在250mL左右，一般范围介于200～600mL，公猪完成一次射精需要5～9min。公猪的射精时间与其年龄、个体大小、采精频率及人员的采精技巧有关。采精需要5～20min，直到公猪完成射精才能松开公猪阴茎。

（三）精液传递

精液传递主要有气动传输和传递窗传递两种方式。

1. 精液气动传输　精液采集完成后，核对公猪耳号与采精标签是否一致，核对无误后把标签贴到集精袋上，扎好集精袋口，放入气动传输“传输瓶”内。再将“传输瓶”放到气动传输工作站内，按住传送键发送即可，“传输瓶”就会载着精液快速传输到实验室。

2. 精液传递窗传递 采集精液后及时通过精液传递窗把精液传递到实验室，精液传递窗最好有 AB 门互锁功能，使用不锈钢材质，带紫外线消毒功能。对于不能及时传送的猪精，要放入 37℃恒温箱中暂存。

三、采精完成后的工作

（一）驱赶公猪回原栏

驱赶公猪回原栏前核实耳号和栏号，确认赶猪通道上没有其他公猪和杂物，同时使用围栏或赶猪板封闭，使公猪只能沿着唯一的路径回到自己的猪栏内。公猪行走的路径上，不要有多个拐角；光线反差要小，没有阴影或亮点；不要有斜坡和水坑等，以免影响公猪正常前行。猪的视角范围很宽达到 310°，也就是说只有尾部 50°是盲区。驱赶公猪时，人应站在公猪的视觉盲区内。如果站得太靠前站，公猪会停下来或者转弯掉头。另外，要多使用鼓励性的声音和动作将公猪向前驱赶，不要强行驱赶以免引起公猪恐惧和应激。

（二）检查采精区设备设施

采精结束后，检查假母台是否有松动，导轨拖拉是否顺畅，取出并清洁假阴道和操作手柄，关闭采精区所有设备的电源和气阀，拔掉所有插头和网线。

（三）整理采精用耗材

采精结束后，把剩余采精用一次性手套、纸巾、采精袋等耗材整理好，拿出采精区，放入饲养员休息区仓库指定位置消毒存放，为下次使用做好准备。

（四）清洁消毒

采精结束后，要对采精区进行清洁消毒。首先，清理采精区的固体垃圾，将垃圾分类，统一放到垃圾袋中并无渗漏地清理出采精区。然后，清理采精区的公猪粪便，使用粪刮把所有粪便收集起来，再集中清理到指定位置。对采精杯、假阴道用 1∶200 卫可进行清洗消毒，并进行挂置晾干备用。最后用

1∶200的卫可对采精区域进行喷洒消毒，静置 30min 后再对采精区进行冲洗，防止扩大污染面，确保采精用设备、工具和采精区环境清洁卫生。

第二节　精液品质检测

精液品质检测是保障每袋成品精液品质稳定优良的关键工作。精液品质检测既是评价公猪饲养管理水平和健康状况的有效手段，也是精液稀释、灌装、贮存、运输过程中处理效果和品质变化的判断依据。

一、实验室管理的要求

人工授精站实验室是精液检测、稀释、灌装和贮存的场所，对卫生环境要求极其严格。因此，实验室的规范化管理对于保障精液品质优良和猪精安全相当重要。

实验室要求干净、整洁，严禁吃东西和抽烟，每次使用完以后彻底清洁消毒一次。实验室工作人员只有在清洗消毒双手、沐浴更衣换鞋后，才能进入实验室，非实验室工作人员原则上不能进入实验室。在实验室里，工作人员要穿专用的工作服和工作帽，并佩戴口罩。每天结束工作后，工作服和工作帽要在实验室的独立房间中进行消毒、清洗、烘干备用。需要强调的是，实验室工作人员不允许进入公猪舍，不允许进行公猪转运。

二、精液品质检测的原则

1. 控制温度　精子是活的生命体，对于温度的剧烈波动非常敏感，所以在精液采集出来以后的处理过程中对温度的控制非常重要。一般要求实验室温度宜控制在 22～24℃下进行。刚采集的精液 32～35℃，因此水浴锅要预热，将温度控制在 32～35℃。同时，稀释液的温度也要控制在 32～35℃，保持稀释时精液温度与稀释液温度一致。精液品质检测时，预热温度至 37℃，恒温载物台、载玻片、盖玻片、精液处理器皿都应预热至（37±1）℃。精液贮存恒温箱内温度应控制在（17±1）℃。当天剩余稀释液应密封后置于冰箱中 0～4℃冷藏，保存时间不超过 24h。精液运输时应置于（17±1）℃的恒温箱内，避光运输。

2. 控制时间　公猪射精时精子与副性腺分泌物混合就具有了活动能力，

精子的活力与代谢能力有关，活力越强精子消耗的能量越多，存活的时间就越短。因此，应在精液采集之前做好实验室各检测项目准备工作，精液采集后立即传递到实验室进行精液品质检测，尽可能缩短原精的存放时间，原精贮存不超过 20min，并及时对原精做稀释等处理，以防止精液品质快速下降。

3. 无毒无害 实验室具备洁净的环境条件，空气过滤，操作人员消毒、沐浴更衣、换鞋、戴帽戴口罩，要有无菌意识，在精液采集、检测、稀释和灌装过程中所接触到的工具和材料必须无毒、无害，以免污染精液影响精液品质。

4. 代表性强 精液样品要有代表性。因此，检查时应将精液轻轻摇动或搅拌均匀，然后再取样，保证评定结果客观准确。

5. 多种检测方法相结合 由于精液品质检测项目较多，不同检测项目的重要性、发生问题的频率、检测方法、所需时间等各不相同，通常采用部分重点检测项目逐次常规检测和定期全面检测相结合的办法，既可以达到精液品质检测的准确性，又可以提高生产中的可操作性。检测过程中，不仅要检测精子本身，也要注意精液中有无杂质等情况发生。

6. 全面综合评价 在评定精液质量等级时，要对各项检测结果进行全面综合分析，有些样品在检测时可能要重复 2～3 次，取其平均值作为结果。在对一头种公猪的精液品质和种用价值进行评价时，要以其不同年龄阶段多次检测结果作为综合分析结论的依据。

三、精液品质检测方法

评定精液质量的方法包括外观检查法、显微镜检查法、生物化学检查法和精子生活力检查法。人工授精站精液品质常规检测项目包括色泽、气味、精液量、pH、活力、密度、畸形率等。其他一些指标，如精子存活时间和存活指数、精液的生物化学检查、精子对环境变化的抵抗力检查、顶体完整率、线粒体活力、氧化力等属于定期检测项目。由于还没有单独的检测方法能够准确地预测公猪的受精能力，所以一般采用多指标综合评价，然后使用一定数量的发情母猪进行授精，根据受胎率、产仔数等繁殖力指标来验证精液品质是否优良。

（一）术语和定义

1. 原精液 指采集后未经稀释的精液其质量要求见表 6－1。

表 6-1　原精液质量要求

编号	项目	标准
1	外观	呈乳白色，均匀一致
2	气味	略带腥味，无异味
3	射精量，mL	≥100
4	精子活力，%	≥70
5	精子密度，10^8 个/mL	≥1
6	精子畸形率，%	≤20

资料来源：《猪常温精液生产与保存技术规范（GB/T 25172—2020）》。

2. 常温精液　采集的种公猪原精液经稀释，但未经低温冷冻处理，在常温（16～18℃）下保存，仍具有受精能力的精液为常温精液，其质量要求见表 6-2。

表 6-2　种猪常温精液质量要求

项目	受体为引入品种、培育品种		受体为地方品种
	常规输精	深部输精	
剂量，mL	≥80.0	≥60.0	≥40.0
精子活力，%	≥60.0	≥60.0	≥60.0
前向运动精子数，10^8 个/剂	≥18.0	≥12.0	≥10.0
精子畸形率，%	≤20.0	≤20.0	≤20.0

资料来源：《种猪常温精液（GB 23238—2021）》。

3. 精子活力　指精液中前向运动精子活动的程度。当精液温度在 37℃左右时，以精液中前向运动精子数占总精子数的百分比表示。前向运动精子数是指每剂量精液中呈前向运动精子的总数。

4. 精子密度　指每毫升精液中所含的精子个数。

5. 精子畸形率　指畸形精子占总精子数的百分率。畸形精子是指形态异常的精子。包括但不限于大头、小头、原生质滴、卷尾、断尾等。

6. 混合精液　指同一品种 2 头及以上数量种猪精液的混合物。

7. 批次　指同一生产线、同一时间，使用同一份或混合精液稀释分装生产的一批常温精液产品。

保质期：自产品生产之时起，在满足种猪常温精液产品规定的保存和运输条件下，其产品符合质量要求的最长期限。

（二）精液品质检测方法

1. 射精量 采用称量法计算射精量，1g 相当于 1mL，电子台秤感量为 0.1g。称量前把电子台秤置于平整的工作台上，通过调节底部的螺旋脚，使得水准器中的水泡对准圆圈中心位置，使其达到水平。清洁干净电子台秤的称量盘，并把标准的空采精袋折叠放在清洁后的称量盘上，接通电源开机，然后按“置零键”，使显示屏显示为 0。用适当大小标准砝码（如 1 000g、500g 等）置于称量盘上，核对电子台秤读数是否与砝码本身质量一致。取下标准的空采精袋，将装有精液的标准采精袋置于称量盘中央，从显示屏读取数值即为所称精液质量，手工记录显示值或者电脑系统自动记录显示值。使用完后，关闭电子台秤电源。

公猪的射精量因品种、个体而异，同一头公猪射精量也会因为公猪年龄、健康状况、营养状况、采精频率以及采精员的采精方法和技术水平等的变化而有所不同。后备公猪的射精量一般为 150～200mL，成年公猪为 200～600mL。射精量超出正常范围，过多或者过少，都要寻找异常原因，采取针对性的改善措施。

2. 色泽 正常公猪精液为乳白色或浅灰白色，精子密度越大，精液乳白程度越浓，透明度越低（图 6－5 和彩图 25）。不同公猪或者同一公猪不同批次的精液，色泽都会在一定范围内有所变化。

图 6－5 正常公猪精液色泽

常见异常色泽主要有以下几种情况。如果精液呈黄色表明精液中可能混有尿液；如果呈鲜红、淡红色或红褐色，表明精液中混有鲜血或者陈血；如果呈浅绿色，则是精液中混有脓液的表现。凡是色泽出现异常的精液，均应丢弃不用并无害化处理，立即停止相应公猪节律性采精，与兽医沟通寻找色泽异常发生的原因，确定针对性的治疗方案。

公猪的精液因为精子密度较低，精液混浊度降低，一般看不到云雾状；如果只采集浓份精液，精子密度高混浊不透明，可以用肉眼观察到新鲜精液的云雾状。

3. 气味　公猪精液气味检查方法是鼻嗅。即用双手打开集精袋口，用一只手在袋口处向着鼻子闻嗅的方向轻轻扇动，通过鼻子闻嗅判断精液气味是否正常。不要把鼻子凑到集精袋口直接闻嗅，以免造成精液污染或者对人造成过大影响。

正常公猪的精液略带腥味，无异味。如果有异常气味，可能是混有尿液、脓液、粪渣或其他异物导致，一旦发现，立即废弃并无害化处理。通常色泽和气味评价结合进行，提高检测结果的准确性。

4. pH　pH是影响精子代谢和活动能力的关键因素。一般来说，在偏酸性的环境下，精子运动和代谢能力减弱，维持生命的时间延长；在偏碱性的环境下，精子运动和代谢能力提高，精子的存活时间显著缩短。

公猪精液pH一般为7.2～7.5，并因个体、采精方法以及精清的比例不同而有所差异。公猪采精过程中最初射出的清亮精液为弱碱性，精子密度较大的浓份精液则为弱酸性。公猪精液的pH偏低则其品质较好，精子受精力、生活力、保存效果等显著提升。如果公猪患有附睾炎或睾丸萎缩，其精液呈碱性反应。原精液的pH与精子存活率的相关系数为－0.47，经过稀释后的精液在贮存过程中pH变化较小。

稀释液的pH对精液的常温保存影响较大，弱酸性环境被认为是精液保存的理想环境。经稀释处理后精液的pH降低到6.8～7.2。当稀释液的pH为5.5～6.5，稀释后的精液pH维持在6.5～7.0之间时，能够降低精子的代谢和运动水平，延长精子的体外存活的时间。当稀释液pH为6.4时，延长体外精子的寿命显示效果最佳。

精液pH可以采用pH试纸测定法或pH计测定法。pH试纸测定法检测时，实验室人员佩戴一次性手套，轻轻晃动3～5次装有待检精液的采精杯，双手打开集精袋袋口，用移液器吸取少量精液，滴到准备好的pH试纸上，等待20～30s，把检测试纸条与标准比色卡进行比对，判断精液的pH。

用pH计测定时，首先取下pH计的橡胶套，在检测精液的pH之前，对pH计进行校准。然后使用蒸馏水或超纯水清洗pH计的电极，并用滤纸将电极上的水吸干。用微量移液器取适量精液放入专用容器中。将pH计电极端插入准备好的精液样品，直到精液浸到“浸没线”或略高于“浸没线”的位置。

等待 2min，读取显示值、记录精液 pH。检测完毕，清洗电极、关掉开关、套上橡胶套。

5. 精子活力 精子活力是评价公猪精液品质最重要的检测指标之一。精子活力与母猪受胎率密切相关，只有前向运动的精子才可能具有正常的受精能力。精子活力受到温度的影响比较大，温度高时，精子会产生剧烈运动；温度过低，精子的运动会受到抑制，运动速度显著下降，温度过高或者过低都会影响对精子活力的精准评价。因此，进行精液品质检测时，恒温载物台和检测样品温度要预热到（37±1)℃，减少检测温度波动对检测结果的判断。

（1）目测法 目测评定法是指在 200～400 倍的光学显微镜下对精液样品进行目测评定。这种评定方法设备投资小，简单易行。但由于目测评定法的主观性强，因此要求检测人员具有丰富的经验，并由固定的人员进行评定。

在目测评定精子活力时，操作人员打开显微镜，将恒温载物台预热到 37℃，把载玻片和盖玻片放在恒温载物台上加热。缓慢摇匀待检测精液，使用 100μL 微量移液器吸取 10μL 原精滴到预热后的载玻片上，盖上预热的盖玻片。使用 400 倍显微镜观察精子活力，移动载玻片，观察 2～3 个视野，分别评价并记录精子活力。如果三个视野活力评价值的相对偏差大于 5%，则应增加视野数量进行重新评价。如果相对偏差较小，则计算三个视野活力的平均值即为检测样品精子活力。

精子活力评定一般按照 10%～100%的十级评分法进行，新鲜的原精液活力要求不低于 70%。

（2）计算机辅助精子分析系统评定法 计算机辅助精子分析系统是更先进的手段。尽管计算机辅助精子分析系统一次性投资较大，但评定精液品质使操作简便，检测结果准确。

操作方法是：把 1 000μL 稀释液加入 5mL 的离心管中，将添加了稀释液的离心管连同试管架一起放入 35℃水浴锅中预热。打开计算机辅助精子分析系统，预热至少 5min，将专用定容玻片置于 37℃恒温载物台上预热，预热时间应大于 1min。对送达实验室的原精称重并记录检测精液质量信息。称重后的精液缓慢摇匀 3～5 次，用微量移液器吸取 100μL 原精液，加入已预热的添加了 1 000μL 稀释液的离心管中摇匀，置于水浴锅中预热 2～5min 待检测。取出装有检测样品的离心管，摇匀，吸取 3～5μL 样品，滴于专用定容玻片进样口处，让其自行流入腔室，点样后预热 1～3min。将准备好的定容玻片放到计算机辅助精子分析系统载物架上，送入检测舱。选择检测样本稀释比例，自动采集画面数量。输入原精量、稀释后成品包装有效精子数、包装剂量，调整计算机辅助精子分析系统界面清晰度，确保画面中精子都能被捕捉到。点击界面左上角的“自动捕捉”，系统就会开始自动捕捉 8 个视野画面，画面捕捉后系统自动计算精子活力、前向运动比例、精子密度、精子畸形率等指标。最后点击检测界面左下角的“保存并报告”保存检测结果，生成电子版检测报告（图 6－6和彩图 26）。

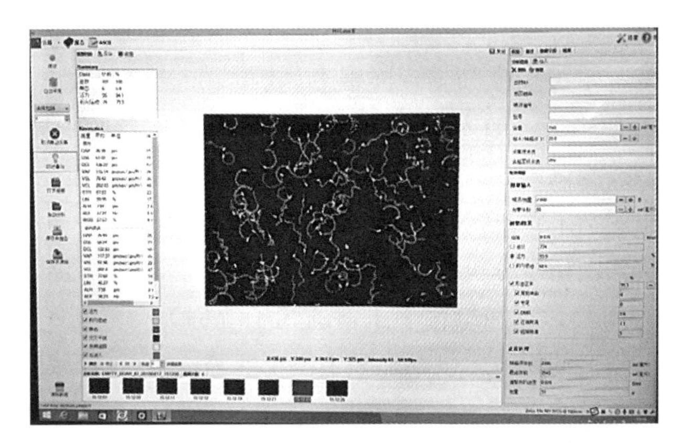

图 6－6 计算机辅助精子分析系统评定精子活力

6. 精子密度 精子密度是评价公猪精液品质另一个重要的常规检测项目。通过对采集的新鲜原精液进行一次密度检测，结合精子活力和每袋成品精液中应含的有效精子数，确定稀释液的添加量和可稀释袋数。当前生产中常用的精子密度检测方法有目测法、密度仪测定法和计算机辅助精子分析系统测定法。

（1）目测法 目测法评价精子密度是在显微镜下根据精子的稀密程度，粗略地划分为稠密、中等和稀薄 3 个等级。公猪精子密度划分等级标准大致为：2 亿个/mL 以上为“稠密”，1 亿～2 亿个/mL 为“中等”，1 亿个/mL 以下为“稀薄”。

具体的操作步骤是：打开显微镜、显示器和恒温载物台电源，恒温载物台温度调到 37℃。准备好载玻片和盖玻片并预热。工作人员轻轻晃动存放待检精液的采精杯 3～5 次，使袋中的精子分布均匀，双手打开集精袋袋口。使用微量移液器吸取 10μL 原精滴到载玻片上，盖上盖玻片。预热后放到载物台上，检测时可移动载玻片观察 3～5 个视野，结合各视野中精子稠密程度综合评价精子密度并记录。

目测法检测精子密度所需设备成本低，操作简便，在基层单位、部分规模猪场和小型公猪站普遍采用。与目测法评定精子活力相似，也有主观性较强、评价结果偏差较大的问题。在需要精准评价时这种方法不适用。

（2）密度仪测定法　密度仪测定法操作简便、快速，检测结果准确，检测原理是公猪精子密度越高，精液越浓，透光性越低，使得用光电比色计通过反射光或透射光检验，能够准确测定样品中的精子密度。

具体的操作步骤是：接通电源，按电源开关按钮开机，检查密度仪显示屏左侧是否出现密度检测符号。用移液器吸取 2.4mL 已配制的稀释液装入该仪器的专用比色皿。手持专用比色皿的磨砂面，将磨光面朝射线方向把比色皿放入检测位置。按置零键校准归零，屏幕上显示 0.00。然后取出比色皿，用移液器吸取 100μL 原精液，加入装有 2.4mL 稀释液的比色皿中充分混合均匀，放入检测位置。按测试键，读取并记录屏幕上显示的精子密度，如果密度仪已同电脑连接，检测结果将直接传送到电脑。

（3）计算机辅助精子分析系统评定法　参照精子活力评定部分。

7. 精子畸形率　形态和结构不正常的精子统称为畸形精子。精子畸形可分为头部畸形、颈部畸形、中段畸形和主段畸形等。精子畸形发生与公猪生殖道异常部位有关，如头部畸形主要发生在睾丸；近侧原生质滴常发生于附睾头；尾部远侧原生质滴常发生于附睾尾；尾部畸形的精子主要存在于附睾内。一般优良品质的公猪精液中畸形率不超过 14%～18%，对受精力影响不大；如果精子畸形率达到 20%以上，则会影响精子的受精能力，这种精液就不能使用，必须废弃。精子形态异常见图 6－7。精子畸形率的检测方法有以下几种：

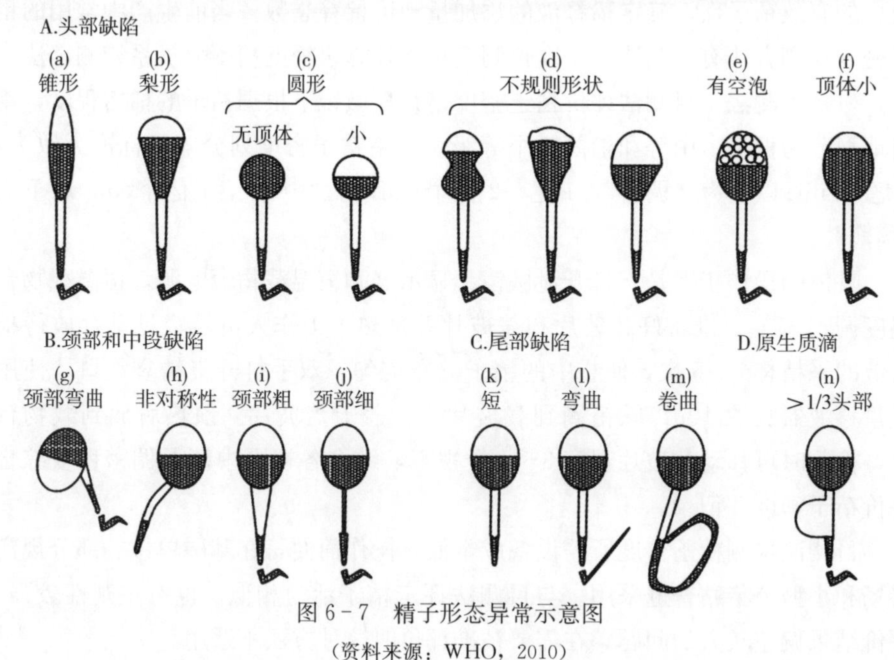

图 6－7　精子形态异常示意图

（资料来源：WHO，2010）

（1）姬姆萨染色法　所用试剂和材料：实验用水可为分析实验室用水三级水的水质规格；磷酸盐缓冲液：称取 0.55g 磷酸二氢钠（$NaH_2PO_4 \cdot 2H_2O$），2.25g 磷酸氢二钠（$Na_2HPO_4 \cdot 2H_2O$），置于容量瓶中，用水溶解并定容至 100mL；姬姆萨原液：称取 1.0g 姬姆萨染料，量筒量取 66.0mL 甘油，66.0mL 甲醇；将姬姆萨染料放入研钵中，加少量甘油充分研磨至无颗粒，将甘油全部倒入，放入恒温箱中保温溶解 4h，再加甲醇充分溶解混匀，过滤后贮存于棕色瓶中，贮存时间越久染色效果越好。商品化试剂按说明书配制使用。姬姆萨染液：量取 2.0mL 姬姆萨原液，3.0mL 磷酸盐缓冲液，5.0mL 水，混合摇匀，现配现用。商品化试剂按说明书配制使用。

操作步骤：吸取 10μL 精液样品滴于载玻片一端，用另一边缘光滑的载玻片与有样品的载玻片呈约 35°夹角，先浸润与样品接触的边缘向另一侧缓慢推动，将样品均匀地涂抹在载玻片上，自然风干（约 5min），每样品制作 2 个抹片。将风干后的抹片浸没于放有姬姆萨染液的染缸中，染色 15～30min 后用水缓缓清洗染液，直至玻片上无明显染液后，晾干制成染片，待检。将染片置于 400 倍下观察，观察顺序为从左到右，从上到下。根据观察到的精子形态，按要求判定正常精子和畸形精子，且一边观察，一边用计数器计数，累计观察约 200 个精子，分别记录精子总数和畸形精子总数，拍照保存该样品的图片。计算精子畸形率。

$$精子畸形率＝观察畸形精子总数/观察精子总数\times 100\%$$

（2）计算机辅助精子分析系统评定法　参照精子活力评定部分。

8. 精子存活时间和存活指数　精子存活时间是指精子在一定外界环境条件下的总生存时间。精子存活指数是指精液内的精子平均存活时间，表示精液内精子活力下降的速度。精子存活时间和存活指数是精液品质评定的重要指标。精子存活时间越长，活力下降速度越慢，说明精子生活力越强，公猪的精液品质越好，并且与母猪受胎率呈显著正相关。

将稀释好的精液分装成若干等份，置于 17℃精液保存箱中贮存，然后每隔一定时间（如刚开始每隔 24h）检测一次活力。当精子活力降到 50%时，每隔 8h 检测一次；当精子活力降到 30%时，每隔 4h 检测一次。检测活力时随机抽取相同重复中的一份样品，37℃预热后，检测样品在 37℃条件下的精子活力，直至精子死亡为止。根据实验记录计算精子存活时间和存活指数。精子存活时间等于精液开始稀释检查时间至倒数第二次检测之间的间隔时间，加上最后一次检测与倒数第二次检测间隔时间的一半。精子存活指数等于每相邻前后两次检测的平均精子活力与其间隔时间的乘积相加的总和。

9. 细菌学检测 精液中如果存在大量细菌、病毒，不仅影响精子存活时间和受精能力，还可能导致有关疾病的传播。精液中的微生物可能来源于公猪生殖器官疾患、生产过程中所使用的耗材、稀释液以及生产环境等，所以我们除了采取相应措施降低精液污染的风险，还要定期检测公猪精液受细菌、病毒的污染状况，降低风险，提升养猪效率。

10. 其他指标检测 除了以上常规检测指标以外，在特定时间也需要开展精液的生物化学检查、精子对环境变化的抵抗力检查、顶体完整率、线粒体活力、氧化力以及影响精液品质的相关基因的检测。

第三节 精液稀释与分装

精液的稀释就是向检测合格的原精液里，添加一定数量适宜精子存活并保持受精能力的溶液，以达到扩大精液容量，并能进行有效贮存和运输，提高优良公猪的利用效率的目的。

一、稀释液的配制

公猪精液稀释液是根据精子生理特点研究出来的，一般含有稀释剂、营养剂、保护剂和其他添加剂等多种成分，起扩大精液容量、提供营养、保护精子免受各种不良环境的危害、改善精子所处环境的理化特性及母猪生殖道生理机能等作用。

稀释液配制的基本原则：配制稀释液的各种原料要求选择化学纯或分析纯制剂，使用分析天平准确称量；用具和耗材要求干净并经过消毒处理；配制的稀释液要充分混匀；现用现配，剩余少量稀释液要求密封冷藏保存；每次配制的稀释液要认真做好详细记录，以备核查；配制的稀释液在使用前要检测关键评价指标，确定是否达到使用标准。

（一）稀释液用水的制备

分析实验室用水目视外观应为无色透明液体。分析实验室用水的原水应为饮用水或适当纯度的水。分析实验室用水共分为三个级别：一级水、二级水和三级水。一级水用于有严格要求的分析试验，包括对颗粒有要求的试验。如高效液相色谱分析用水。一级水可用于二级水经过石英设备蒸馏或交换混床处理后，再经 0.2μm 微孔滤膜过滤来制取。二级水用于无机衡量分析等试验，如原子吸收光谱分析用水。二级水可用多次蒸馏或离子交换等方法制取。三级水用于一般化学分析试验。三级水可用蒸馏或离子交换等方法制取（表 6－3）。

表 6－3　分析实验室用水的水质规格

指标名称	一级水	二级水	三级水
pH 范围（25℃）	—	—	5.0～7.5
电导率（25℃），mS/m	≤0.01	≤0.1	≤0.5
比电阻 MΩ·cm（25℃）	>10	>1	>0.2
可氧化物质含量（以 O 计），mg/L	—	≤0.08	≤0.40
吸光度（254nm，1cm 光程）	≤0.001	≤0.01	—
可溶性硅（以 SiO_2 计）含量，mg/L	≤0.01	≤0.02	—
蒸发残渣（105℃±2℃）含量，mg/L	—	≤1.0	≤2.0

注：①由于在一级水、二级水的纯度下，难于测定其真实的 pH，因此，对一级水、二级水的 pH 范围不做规定。②由于在一级水的纯度下，难于测定可氧化物质和蒸发残渣，对其限量不做规定。可用其他条件和制备方法来保证一级水的质量。

资料来源：《分析实验室用水规格和试验方法（GB/T 6682—2008）》。

精液稀释液用水多为双蒸水，具备条件的公猪站或猪场可以使用超纯水。稀释液用水标准要达到分析实验室用水规格和试验方法国家标准中的二级水水质规格。各级用水均使用密闭、专用聚乙烯容器。三级水也可使用密闭、专用的玻璃容器。新容器在使用前需用盐酸溶液（质量分数为 20%）浸泡 2～3d，再用待灌装的用水反复冲洗，并注满待灌装的用水浸泡 6h 以上。各级用水在贮存期间被污染的主要原因是容器可溶成分的溶解、空气中二氧化碳和其他杂质。因此，一级水不可贮存，使用前制备。二级水、三级水可适量制备，分别贮存在预先经同级水清洗过的相应容器中。

双蒸水是指利用蒸馏设备，将经过一次蒸馏后的水，再次蒸馏所得到的水。双蒸水中无机盐含量极低，挥发性组分（氨、二氧化碳、有机物）含量很少。双蒸水保存时间不超过 3d。

超纯水又称高纯水，是指使用纯化设备将水中的导电介质几乎完全去除，又将水中不离解的胶体物质、气体及有机物均去除至很低程度的水。超纯水生产采用预处理、反渗透技术、超纯化处理以及后级处理四大步骤，多级过滤、高性能离子交换单元、超滤过滤器、紫外灯、除 TOC 装置等多种处理方法，电阻率方可达 18.25MΩ·cm（25℃）。这种水中除了水分子外，几乎没有什么杂质和矿物质微量元素，更没有细菌、病毒、含氯二噁英等。超纯水保存时间不超过 2d。

（二）稀释粉准备

1. 稀释粉的选择 根据精液稀释后的保存时间可将稀释液分为短效稀释液（可保存 3d）、中效稀释液（可保存 4～6d）、长效稀释液（可保存 7～9d）和超长效稀释液（可保存 10d 以上）；根据包装剂量可分为 1L/袋、4L/袋、5L/袋、10L/袋等不同规格。稀释粉保存时间和包装剂量视实际生产需要而定。

2. 贮存 应贮存在干净、干燥、通风、阴凉的室温环境中。对贮存温度条件有特别要求的稀释粉，需严格按照说明书要求进行。

3. 注意事项 使用前要查看稀释粉的有效期，触摸包装袋内容物是否结块，如果超出有效期或内容物结块则应废弃不用；稀释粉使用时，打开包装袋前先摇匀内容物，打开包装袋后要把内容物彻底倒完，以免边角处有剩余影响剂量的准确性。

（三）稀释液配制

根据每天的生产计划，提前准备好稀释液用水和稀释粉，确保能够按需供应。在精液稀释前 30min 要配制好稀释液，保证稀释粉溶解完全、混合均匀、渗透压和 pH 平衡稳定。稀释液的配制应在洁净、恒温的实验室环境中进行，使用前检测相关指标是否合格。

1. 磁力搅拌器搅拌混匀，水浴锅加热模式 工作人员戴上一次性手套，从消毒柜取出稀释桶和磁子，将磁子放入稀释桶内，把稀释桶置于电子台秤称量盘上去皮或归零；往稀释桶内加入需求剂量的超纯水或双蒸水，稀释液用水的液面最高不超过稀释桶桶壁高度的 2/3，盖上桶盖；把装有稀释液用水的稀释桶置于磁力搅拌器托盘上，把转速调整至 1 500～2 000r/min，开始搅拌；打开 1/2 稀释桶桶盖，顺着水流方向加入规定剂量的稀释粉；盖上桶盖继续搅拌 30min；向水浴锅内注入 1/2 锅纯水，打开电源，温度设置为 35℃，开始加热；从消毒柜取出玻璃烧杯，把搅拌好的稀释液加入烧杯，再将烧杯放入水浴锅中加热；从消毒柜中取出校正过的温度计放到烧杯里监测稀释液温度。

2. 一体化自动稀释设备模式 工作人员戴上双层一次性手套，使用擦手纸把稀释桶内壁擦干；接通连接稀释桶的电子秤，打开全自动精液稀释桶的电源，确保设备电源连接正常，脱下第一层手套；从无菌柜中取出稀释桶专用塑料内袋，将内袋完整地套在稀释桶内壁；从消毒柜中取出磁子放在塑料内袋中央；从消毒柜中取出进液管、出液管、沉坠；连接进水管和出液管，盖上稀释桶盖；进液管一端连接到超纯水管或插入超纯水桶中；稀释桶去皮置零，手动输入需要加入的超纯水质量；设置稀释桶加热温度和转速；点击“加水”后自动加水，直至按照设置要求完成加水；加水完成后设备开启自动搅拌、预热；按生产要求加入相应剂量的稀释粉，盖上桶盖；自动稀释搅拌 30min，直到桶内温度达到设定温度。

二、精液稀释

精液采集后应尽快稀释，原精贮存不超过 15min；稀释液与精液要求等温稀释，两者温差不超过 1℃，即稀释液应加热至 33～37℃，根据精液温度调节稀释液温度，不得反向操作；将稀释液沿杯壁缓慢加入精液中，轻轻摇动或沿一个方向搅拌，混合均匀；高倍稀释时，先低倍稀释 1∶(1～2)，30s 后再加入余下的稀释液；精液稀释后应静置 5min，检测精子活力在 70%以上进行分装与保存；如果需要生产混合精液，先将每头公猪的新鲜精液各按 1∶1 稀释，混合后根据精子密度和精液量按稀释倍数计算需加入稀释液的量，混匀后检测分装。

三、精液分装

在种猪精液产品要求达到国家标准的基础上，结合生产企业实际情况，制订本企业种猪精液产品标准，确定每袋精液的剂量和有效精子数，并按此标准进行稀释和分装。猪精产品包装应为对精子无毒副作用且灭菌的一次性塑料或硅胶制品，可选用袋装、瓶装或管装，容量应大于对应产品最低剂量的 110%，并且要求封口严密。精液产品分装方式有人工分装和自动分装。

（一）精液人工分装

精液人工分装方式适用于袋装、瓶装或管装各种包装模式，常用于母猪场场内供精或小型公猪站供精。

人工分装精液时，工作人员戴上一次性手套，准备分装所需的精液包装袋、电子秤、塑料框等工具和耗材；把需要分装的精液缓慢混匀；吸取 5mL

精液加入 EP 管内留样，封口，并贴上相应的公猪耳号和生产信息；直接或通过相应的灌装工具把精液注入精液瓶或精液袋中，称重或观察液面，保证剂量准确，排出精液袋或精液瓶中的空气，封口，并记录生产数量；在灌装后的精液袋或精液瓶上贴上产品标签；成品精液在实验室环境缓慢降温 2h，再转移至 17℃精液保存箱保存，保存期间每 12h 翻动一次。

精液产品标签要求如下：应易于识别，不易脱落或损坏；应使用规范的汉字对产品信息进行说明。应标识但不限于如下信息：产品通用名称、种猪品种及个体编号、生产企业名称及联系方式、生产时间、适用受体、授精方式、保存条件、保质期，以及精液质量要求项目指标；若是混合精液，则应加以注明，使用电子标签的标签信息至少应包括本条款规定的信息，还可包括生产企业商标或徽标，以及可追溯的其他信息。

（二）精液自动分装

精液自动分装快速、精准、安全，设备成本相对较高，适用于规模较大的公猪站。

自动分装精液时，先开启自动灌装设备；把需要分装的精液缓慢混匀；吸取 5mL 精液加入 EP 管内留样，封口，并贴上相应的公猪耳号和生产信息；把精液置于灌装机上猪精存放处，安装灌装针及灌装软管；将整卷精液袋固定到旋转托盘上，调整旋转托盘高度，把第一个精液袋尾部分开套到精液袋运转支架上，把猪精袋运行到灌装针正下方；将灌装针插入精液袋内，排出灌装软管内的空气，让精液完全充满灌装软管；自动灌装准备完毕；选择标签格式；扫描稀释标签上的条码，系统自动识别公猪等级和灌装份数；自动灌装机开始自动灌装、贴标签、封口（图 6-8 和彩图 27）。

图 6-8　精液自动分装

四、精液贮存

精液保存方法按照精液保存温度可分为常温保存（15～25℃）、低温保存（0～5℃）和冷冻保存（－79℃或－196℃）等。由于常温保存精液和低温保存精液都以液态形式存在，所以统称为液态精液保存。虽然常温保存允许的温度为15～25℃，但应尽可能在此范围内降低温度和保持恒温，公猪精液保存在17℃恒温环境中，精子有效存活时间长，保存效果最理想。精液贮存必须配置17℃精液保存箱或17℃恒温库，精液生产量较小的公猪站可以选用17℃精液保存箱，精液生产量较大的公猪站可以建设17℃恒温库。每天2次巡查并记录精液保存箱温度。

灌装的公猪精液应置于22～25℃下室温环境中1～2h后，平放入16～18℃精液保存箱内避光保存；也可用12～15层纱布（或干毛巾）包严直接放入精液保存箱内。保质期内每间隔8～12h应将精液摇匀1次并记录，防止精子沉淀而引起死亡，摇动时应轻缓均匀。每批精液应留样备查。同批号的精液在有效期内应抽样检查并记录。

第四节　精液分拣与运输

精液的贮存和运输是密切相关的两个方面，只有优质精液的有效贮存，才能实现长距离、长时间的运输，从而扩大优良公猪基因覆盖的地域范围。科学规划物流线路，严格物流管理，对提升物流运输的时效性保障、安全性保障和精液品质稳定性保障非常重要。

一、精液包装发货流程

1. 订单获取　通过线上订单管理系统、微信小程序或电话接受用户订单信息。

2. 订单管理　汇总所有接受到的订单信息，进行分类处理，打印客户单据。

3. 精液分拣　实验室工作人员根据客户单据上的信息（猪精品种、等级、剂型、数量），把客户需求的精液分拣装入气泡袋或铝箔袋；最后把单据贴到猪精包装袋上，便于后续识别装箱。

4. 精液装箱 根据用户需求量，选择合适的泡沫箱，先在泡沫箱底部放置一层17℃的调温胶，再把包装好的猪精放到泡沫箱内；最后在泡沫箱外侧标记用户及物流配送信息。注意：猪精装箱要装满但又不能挤压；如果包装箱内未装满精液，运输过程中易造成精液过度震荡；包装箱内装得太满精液受到过度挤压，可能导致精液袋破损，出现漏袋现象。

5. 泡沫箱填充 装好精液的泡沫箱要根据发货地和收货地的环境温度以及配送距离长短，在泡沫箱的卡槽中填充相应数量的调温胶，以维持泡沫箱内部的温度恒定。

6. 泡沫箱包装 泡沫箱完成填充后，盖上泡沫箱箱盖，用胶带将泡沫箱密封起来；再在泡沫箱外侧缠绕3层不同颜色的PE膜；最后将缠绕PE膜的泡沫箱置于大小合适的纸箱内，使用胶带把纸箱密封，贴上对应的客户单据，完成猪精分拣装箱。

7. 猪精发货 把包装好的精液箱转交给物流部，猪精进入配送环节，精液包装发货流程见图6-9和彩图28。

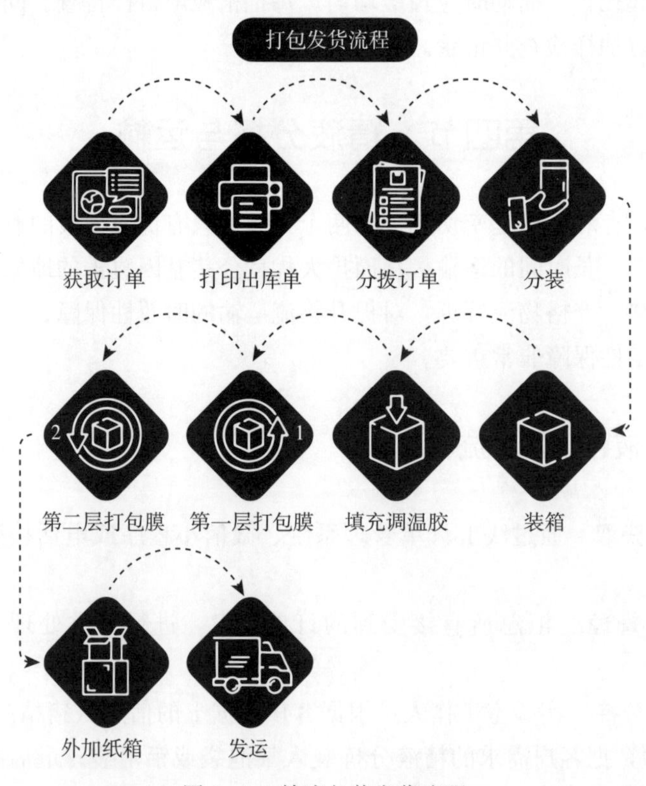

图6-9 精液包装发货流程

二、精液分拣

（一）单独打包用户精液分拣

1. 整理合并客户单据　将同一客户的多个订单合并，防止漏单。

2. 分拣到客户　按照客户单据信息（根据等级、规格、品种、数量）从精液库货架上将猪精拣到塑料框内，把单据也放到框内。单个客户逐一分拣，分拣完成的客户直接放到指定区域等待下一环节操作，直到完成所有订单。

3. 精液包装　从精液库把分拣好的精液转运到分拣库进行装袋。

要求：首先，核对单据信息和实物精液是否一致；其次，检查是否有漏袋；最后，根据分拣单数量确定使用什么规格的气泡袋或铝箔袋、泡沫箱。

4. 精液装箱　选择对应规格的泡沫箱并在泡沫箱底部做好填充，包装好的精液置于泡沫箱内并做好上层填充，在泡沫箱一侧写上客户信息，如省份、客户姓名、猪精品种及数量、配送方式、包装件数等。

（二）线路客户精液分拣

1. 精液线路汇总　根据打印出各线路的汇总量信息，进行逐条线路精液需求的准备。检查需分拣的精液标签是否打印正确，有无漏袋。从精液库货架选择对应品种、等级、规格、数量的精液，放到分拣桌的指定区域，等待分拣到客户。

2. 分拣到客户　按照客户的分拣单信息进行分拣（根据等级、规格、品种、数量），并将单据放到对应客户的框内。

3. 精液包装　把分拣好的精液装入气泡袋或铝箔袋内，将单据贴在对应的气泡袋或铝箔袋上。根据单据上的数量使用对应气泡袋包装，核对等级、规格、品种、数量，再封口。

4. 核对各线路精液总量　先将所有单据上精液数量求和，再与该线路精液总量对比，以核对精液总量是否正确。

5. 精液装箱　选择合适规格的泡沫箱并做好底部填充，把精液置于泡沫箱内，做好上层填充，最后在泡沫箱外侧写上线路名称、包装件数、配送方式等，最后将该线路中的所有单据放入泡沫箱内。

（三）精液分拣包装

（1）检查已经分拣好的泡沫箱是否做好填充。

（2）确定泡沫箱外侧标注的目的地，根据目的地位置温度情况、距离远近和物流方式，合理放置调温胶的数量。

（3）将泡沫箱密封，密封过程注意将透明胶封口处用手压平，检查透明胶是否密封。

（4）泡沫箱外侧缠绕 2 层 PE 膜。

（5）再次核对客户信息，并将核对无误的泡沫箱放入纸箱内，并在纸箱外正上方贴上相应单据。

（6）密封外纸箱，将密封好的纸箱搬到场内中转车，记录发货件数。

另外，有条件的大型高标准公猪站可以考虑采用智能分拣系统分拣精液（图 6－10 和彩图 29）。

图 6－10 精液智能分拣系统

（四）精液包装材料及用途

1. 精液袋 贮存猪精，使用医药级材料，无菌、抗压强，彻底阻断精液与外界接触的专用精液袋。

2. 气泡袋或铝箔袋 主要用于包装成品精液，气泡袋内附有空气泡，可有效解决运输震动影响；铝箔袋阻断温度渗透，降低温度对猪精的影响。

3. 调温胶 主要作用是缓冲泡沫箱内的温度的波动。

4. 泡沫箱 存放成品精液，保温隔热性能好，能减缓箱内精液温度波动，维持有效的恒温环境。

5. PE 膜 包裹在泡沫箱外面，可以有效防止外界空气和污染物进入泡沫箱内，降低精液在运输过程中被污染的风险，同时，有利于可视化管理。

6. 纸箱 保护泡沫箱和内部缠绕膜密封完整性，防止环境病原污染泡沫箱。精液六层包装材料见图 6－11 和彩图 30。

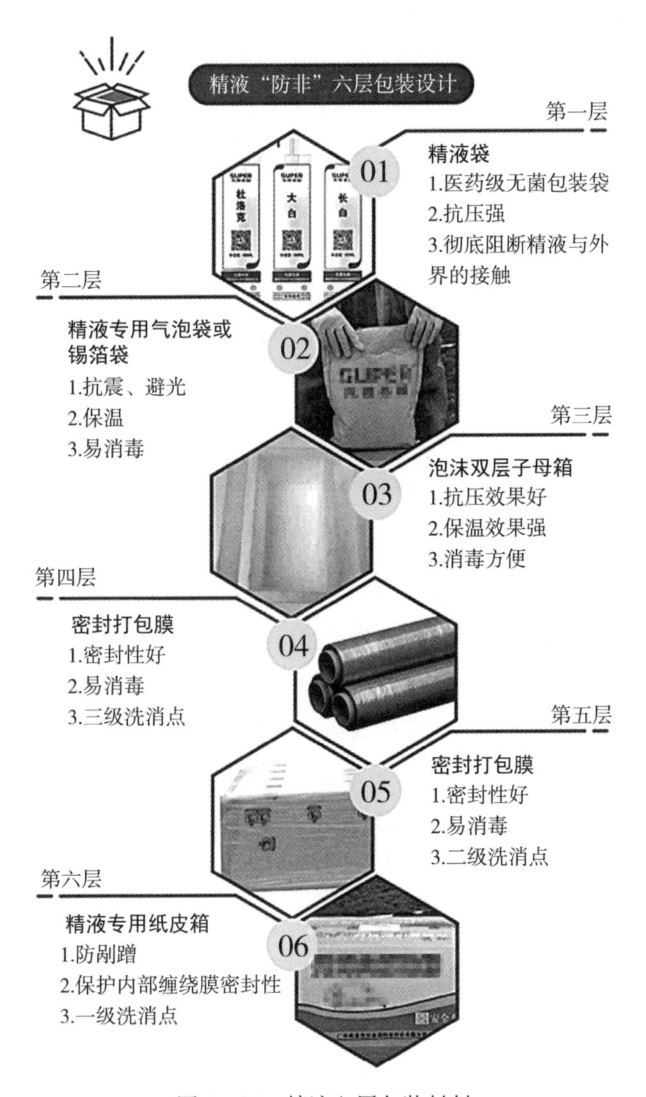

图 6－11 精液六层包装材料

包装标准：由内向外六层包装，即精液袋→猪精液专用气泡袋或锡箔袋→泡沫双层子母箱→密封打包膜（两层）→精液专用纸皮箱。

三、精液物流运输

（一）精液物流运输方式

1. 冷链直达运输 冷链运输过程必须依靠冷藏专用车辆进行，冷藏专用车辆除了需要有一般货车相同的车体与机械之外，必须额外在车上设置冷藏与保温设备。在运输过程中必须是17℃恒温冷藏条件，减少运输过程中温度波动对精液品质的影响，精液物流运输过程见图6-12和彩图31。

图6-12 精液物流运输

2. 联合运输 联合运输是综合利用某一区间中各种不同运输方式的优势进行不同运输方式的协作，除了冷链车，还可以采用高铁、飞机、无人机等运输方式，自建物流与第三方物流相结合等多种联合运输方式，并以最佳线路把精液配送至全国各地，确保在48h内将精液送达，精液配送方式见图6-13和彩图32。

3. 配送服务中心 配送服务中心主要功能是提供配送服务。利用流通设施、信息系统平台，对物流经手的货物，做分货、零星集货，设计运输路线、运输方式，为客户提供定制的配送服务，提高客户满意度。

（二）精液运输过程中的安全保障

物流主干线点对点配送，专人、专车、专线送达物流中转网点，精液运输专车送达物流中转网点后统一到洗消点消毒检测等待第二天任务安排，减少运输过程中病毒传播风险。

在母猪场一级洗消点/或双方约定的交接点接收猪精时，检查包装是否有破损，并对最外层纸质包装进行喷雾消毒/或擦拭消毒，静置10min后去掉纸质外包装并无害化处理；在二级洗消点再次进行喷雾消毒或擦拭消毒，静置5min后，剥掉泡沫箱最外层PE膜包装材料；在三级洗消点（门卫处）对外包装进行全方位喷雾消毒或擦拭消毒，静置5min，剥掉PE薄膜包装材料；对泡沫箱外表面进行全方位擦拭消毒并静置10min，然后由场外交接人员消毒双手，戴上一次性手套，在交接窗口打开泡沫箱，由场内接收人员消毒双手戴上一次性手套从泡沫箱内取出精液，放入场内精液运输箱内运送到精液储藏室

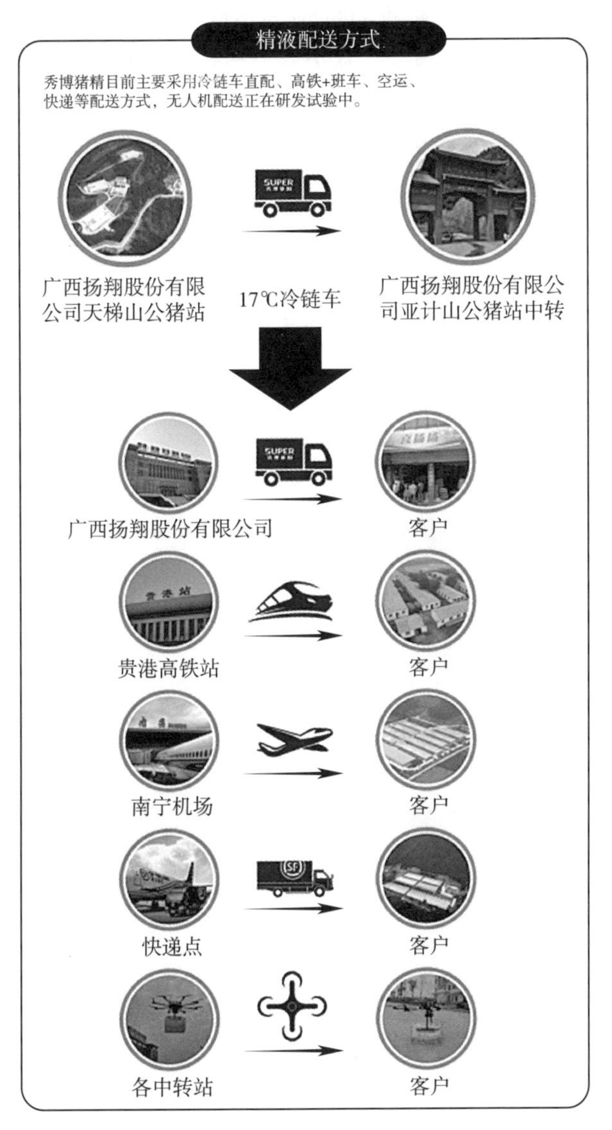

图 6-13 精液配送方式（示例）

或 17℃精液保存箱贮存。如果周边有严重疫情时，可以考虑把精液浸泡在 17℃消毒液中浸泡 5min，再运送到精液贮藏室。

（三）精液运输过程中的品质保障

精液运输过程中，保障泡沫箱内温度为 16～20℃。通过各环节的温控措施，保障物流配送过程中精液温度稳定可控。采用加厚高密度子母箱，全部在恒温 17℃条件下分拣封箱，根据目的地的不同气温、运输远近距离及运输方式，调整温控材料的数量与组合；从公猪站到第三方物流中转站，使用专用恒温车定点运输；在第三方物流中转站将精液运输箱存放在温控区域；配送到达目的地后，按要求存放在指定交付地点。

（四）精液运输过程管理

为保证猪精产品安全运输，指定专门物流方式，运输过程中实时监控温度变化，并对车辆停车时间、上下车及到达地点等行程信息进行记录及监控，设有专人做信息追踪工作，确保运输过程中无违规异常现象。

第七章

猪人工授精站生产数据的管理与分析

猪人工授精站工作的核心是生产精液，其生产数据的管理和分析工作就是分析精液品质性状及其影响因素，并在此基础上针对性地对改进这些关键的影响因素及评估效果，从而提高优质公猪的种用年限，使其生产出更多的优质精液，充分发挥其优良的遗传品质。本章介绍猪人工授精站精液品质数据的记录内容、数据的收集规范、数据预处理方法和数据分析方法。

第一节　公猪生产中的关键精液品质性状及其对标数据

公猪精液品质是影响母猪繁殖性能的关键因素之一。因此，确定关键的精液性状及其影响因素，对于保证精液品质，提高与配母猪的繁殖性能至关重要。此外，从生产管理角度来看，管理者不仅应该掌握公猪站的生产水平，同时还要了解其他国家和国内其他公司的公猪性能水平，以便及时调整技术措施来提高性能水平。

一、关键的精液品质性状

在评定猪的精液品质时，关键的精液品质性状包括射精量、精子密度、精子活力、精子畸形率（具体介绍和测定方法详见本书第六章）。由于在精液生产中需要对每次采集的精液进行品质检测，因此每头公猪开始采精以后，就会获得一系列的精液品质数据。这些数据是综合评定一头公猪生产精液的能力及其品质的重要依据。另外，受到各种因素，如环境温度升高、发热、睾丸炎等的影响，也会影响公猪的精液品质。因此，一段时间内连续测定的精液品质数据，也是制订公猪淘汰标准的重要依据。

（一）射精量

公猪射精量以“重量-体积”换算得出，数据结果以“mL”为单位，一般取整数记录。生产中，公猪射精量为连续变量，数据分布特征符合正态分布。

（二）精子密度

公猪精子密度通常表述为每毫升精液中所含多少亿个精子，数据结果以“个/mL”为单位，一般精确到两位小数。公猪精子密度数据为连续变量，原始数据通常为非正态分布，经对数变换、平方根变换、倒数变换等适当的转换后，数据可以转化为正态分布。

（三）精子活力

精子活力是指在37℃环境条件下精液中呈直线前进运动精子占总精子的百分比，数据以百分率形式记录。公猪精子活力的测定范围介于0～100%之间，数据为连续变量。但对于精液品质把控严格的规模化人工授精站来说，公猪精子活力数据多数分布于85%～95%，整体数据分布特征一般符合非正态分布。

（四）精子畸形率

精子畸形率为37℃环境条件下精液中短小精子、巨型精子、头部畸形精子、体部畸形精子、尾部畸形精子等各种畸形精子数占总精子数的百分比，数据以百分率形式呈现。公猪精子畸形率测定数据为连续变量，数据分布特征一般为非正态分布。

（五）精液弃用率/利用率

精液弃用率是指公猪在一定时间内（通常为一个生精周期，即2个月内）精液弃用的次数占总采精次数的百分比。生产中统计精液弃用率指标不仅可以评价公猪的产精能力，而且还能作为鉴定公猪品质的标准，为生产中提前淘汰不合格公猪提供数据参考。

公猪精液是否被弃用的评估方法主要分为肉眼观察和实验室检测两部分。肉眼观察的评估指标包括：颜色、黏稠度、气味、杂质等。精液的实验室检测指标一般为：射精量、精子密度、精子活力和精子畸形率。根据《猪常温精液生产与保存技术规范（GB/T 25172—2020）》，正常公猪原精液的射精量应不低于100mL，精子密度不低于1×10^{8}个/mL，精子活力≥70%，精子畸形率≤20%。因此，当精子密度过低、精子活力低于70%或精子畸形率大于20%时均应弃用。在实际生产中，精液弃用的5种主要原因包括原生质滴（31.60%）、杂质（25.96%）、精子凝集（20.31%）、卷尾（17.72%）和少精症（10.86%）。

二、国内外公猪关键精液品质性状的对标数据

（一）国内公猪关键精液品质性状的对标数据

国家市场监督管理总局和国家标准化管理委员会联合在2020年11月和2021年4月分别发布了关于公猪精液生产中的推荐标准《猪常温精液生产与保存技术规范（GB/T 25172—2020）》和强制标准《种猪常温精液（GB 23238—2021）》。GB/T 25172—2020推荐的公猪原精液质量要求见表6-1，其主要针对的是公猪原精液的各项常规参数。GB 23238—2021标准则主要关注的是在人工授精技术背景下不同受体母猪对公猪常温精液的质量要求，包括输精剂量、精子活力、前向运动精子数和精子畸形率，详见表6-2。

（二）国际上其他国家公猪关键精液品质性状的对标数据

国际上其他国家关于精液品质性状制定的标准与国内总体相似。美国公猪原精液标准见表7-1；英国PIC公司对于公猪原精液评估阈值见表7-2。

表7-1　美国公猪原精液标准及限制值

项目	正常范围	限制值
射精量，mL	100～500	50
总精子数，10^9 个/次	10～100	10
前进运动精子，%	70～95	62
精子凝集（显微镜视野），%	0～10	25
卷尾精子，%	1～2	10
精子畸形率，%	5～10	30
顶体异常，%	5～10	49
原生质滴，%	<5	15

资料来源：Kevin J. Rozeboom，Ph. D. Evaluating Boar Semen Quality。

表7-2　英国PIC公司公猪原精液评估阈值

项目	正常范围	限制值
外观	黏稠度在乳状到乳脂状之间	
颜色	颜色为灰白色到白色	
射精量，mL	100～500	≤50

（续）

项目	正常范围	限制值
总精子数，10^9 个/次	20～120	>15
运动精子，%	80～95	满足有效期限日时的最低精液活力要求
前进运动精子，%	60～90	满足有效期限日时的最低精液活力要求
精子凝集，%	0～10	≤30
精子畸形率，%	10～15	≤30
原生质滴，%	5～10	≤20

注：测量结果可能因所用 CASA 系统不同而有所不同。

资料来源：PIC 公猪站管理指南（2017）。

第二节　精液品质性状的数据记录规范与采集方法

数据收集是数据分析的第一步。只有按照科学规范的要求记录的数据才有分析的价值，得出的结论才能供管理者做出正确的决策。因此，本节内容将重点介绍精液性状数据记录内容、数据记录规范和数据采集方式三个方面。

一、精液品质性状数据的记录内容及表格设计

（一）数据记录内容

公猪站需要记录的数据主要包括基础档案信息和精液生产相关数据信息。

1. 公猪站名称　公猪站名称是数据记录最基础的记录项之一，目的是让生产者和管理者清楚地知道事件的发生地。对于集团企业而言，建立公猪站名称记录的格式为“公司名称＋所属区域＋公猪站名称”。

2. 个体耳号　耳号是猪标识之一，用耳标的方式标记在猪的耳部，用于证明猪的身份。根据《种猪登记技术规范（NY/T 820—2004）》的要求，全国采用统一的 15 位字母和数字组成的种猪编号系统。其编号原则为：前两位用英文字母表示品种，如 DD 表示杜洛克猪、LL 表示长白猪、YY 表示大白猪、HH 表示汉普夏猪等；二元杂种母猪用父系＋母系的第 1 个字母表示，如长白杂种母猪用 LY 表示；第 3 位至第 6 位用英文字母表示场号（由农业农村

部统一认定)；第 7 位用数字或英文字母表示分场号（先用 1～9，然后用 A～Z，无分场的种猪场用 1)；第 8 位至第 9 位用公元年份最后两位数字表示个体出生时的年度；第 10 位至第 13 位用数字表示场内窝序号；第 14 位至第 15 位用数字表示窝内个体号。

3. 系谱信息 种公猪应当具有完整的系谱信息。在动物繁育过程中，系谱记录工作是科学繁育的基础。动物系谱档案是记录本身及其父母、祖父母情况的一份基本资料。完整的动物系谱一般包括个体的 2～3 代祖先的编号、名称及生产成绩等情况。系谱的形式包括竖式系谱、横式系谱和结构式系谱。通常猪场采用的横式系谱详见图 7－1，是按子代在左、亲代在右、公畜在上、母畜在下的格式来填写的。养殖场在饲养管理中根据完整的系谱档案确定血缘关系、选留种畜，对品种改良、保种选育、制定发展规划等有重要意义。

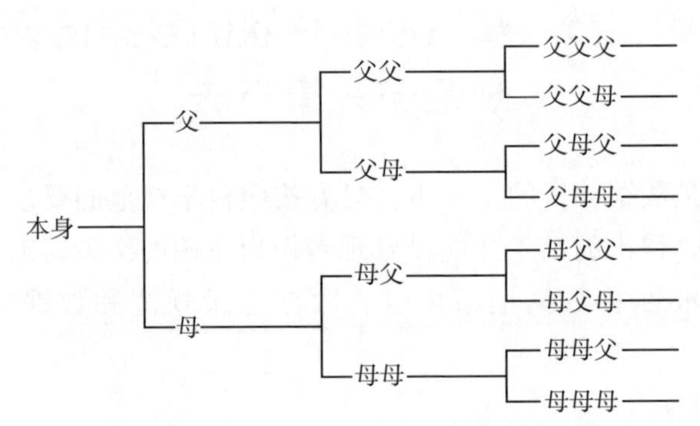

图 7－1 种猪横式系谱档案

4. 来源场 在实际生产中，来源场又可称为引种场。来源场的种源和饲养管理水平直接会影响在群公猪的生产性能。此外，后备公猪在来源场的免疫接种记录也要进行汇总。

5. 培育阶段 后备公猪的培育阶段也是其性能测定的阶段。根据全国畜牧总站组织全国有关种猪遗传育种专家制定的《全国种猪遗传评估方案》，推荐参与全国性种猪遗传评估测定的性状共计 15 个，其中达到 100kg 体重的日龄及 100kg 体重的活体背膘厚是后备公猪性能测定的必须指标。测定达 100kg 体重的日龄，应该控制后备公猪的体重在 80～105kg 的范围，经称重和记录日龄，按照如下公式校正为达 100kg 体重的日龄：

$$校正日龄 = 测定日龄 - [(实测体重 - 100)/CF]$$

式中，$CF=(实测体重/测定日龄)\times 1.826\ 040$ 。在测定达 100kg 体重的

日龄时，同时测定100kg体重的活体背膘厚，采用B超测定仪扫描测定种公猪第3～4肋骨处的背膘厚，以毫米（mm）为单位。测定结果按照如下公式转换成达100kg体重的活体背膘厚。

$$校正背膘厚=实测背膘厚\times CF$$

式中，$CF=A/\{A+[B\times(实测体重-100)]\}$；$A$和$B$的参数见表7-3。

表7-3　不同品种公猪A和B参数值

品种	*A*	*B*
大白猪	12.402	0.106 530
长白猪	12.826	0.114 379
汉普夏猪	13.113	0.117 620
杜洛克猪	13.468	0.111 528

6. 生产阶段　经过隔离驯化并且调教成功的公猪可以进入生产群开始正常生产精液。为了便于后期对记录数据的分析，了解种公猪站的基本生产情况及解决生产中遇到的问题，应当详细记录精液生产相关的数据，主要包括采精员、每次采精时的日期、每次采精时的射精量、精子密度、精子活力和精子畸形率，并且根据上述精液品质参数计算总精子数和有效精子数，计算公式如下：

总精子数＝射精量×精子密度

有效精子数＝射精量×精子密度×精子活力×(1－精子畸形率)

（二）精液品质性状数据记录表格设计

公猪档案记录见表7-4和表7-5，公猪精液品质记录见表7-6和表7-7。

表7-4　公猪档案记录表（1）

猪场名称	所属片区	个体号	品种	品系	公猪等级	栏舍号	来源场	出生日期	100kg体重日龄

表 7－5　公猪档案记录表（2）

系谱信息									
父亲耳号	母亲耳号	祖父耳号	祖母耳号	外祖父耳号	外祖母耳号	曾祖父耳号	曾祖母耳号	外曾祖父耳号	外曾祖母耳号

注：系谱记录项参考德康集团公猪系谱信息。

表 7－6　公猪精液品质记录表（1）

猪场名称	所属片区	个体号	品种	品系	月龄	栋舍	栋舍温度	采精日期	采精员

表 7－7　公猪精液品质记录表（2）

射精量	精子密度	精子活力	精子畸形率	总精子数	有效精子数	分装瓶数	是否合格	不合格原因

注：分装瓶数和精液弃用原因记录项参考广西扬翔股份有限公司的精液品质记录。

二、精液性状数据的记录规范

一份规范的数据记录是利用数据分析问题和解决问题的重要前提。为确保所收集的数据能够客观、真实和全面地反映公猪生产的实际情况，数据收集时应当遵循真实性、准确性、一致性、及时性和全面性五个原则。

（一）真实性原则

数据的真实性，又称为数据的正确性，是指数据记录应当以实际的为依据，如实反映生产性能的各个指标。为了保证数据的真实性和客观性，就需要在数据收集和记录的过程中有明确的规章制度、科学合理的流程、适当的抽查和盘点，明确数据收集的责任人和监督人，并且及时发现和解决问题。数据记录人员必须根据审核无误的原始记录，采用特定的专门方法进行记录、计算、分析，来保证所提供的数据信息内容完整、真实可靠。

（二）准确性原则

准确性是指数据中记录的信息和数据是否存在异常或错误。数据的准确性由数据的采集方法决定的，如国内一些公猪站实行日汇报-周汇报-月汇报-季度汇报-年汇报的管理模式，因此，每一级汇报时都有相应的责任人和监督人。当出现了不符合业务逻辑的数据时，监督人有责任指出错误的问题，让责任人及时修改。这就要求每一级的监督人要有很强的责任心以及专业而敏锐的判断力，对责任人汇报的数据起到更好的监督作用。此外，监督人也可以借助一些其他工具软件监测异常数据，如可以设置“excel 数据-数据有效性-允许-数据小于等于-最大值设为 100%”，当责任人汇报的精子活力或精子畸形率的数据超过 100%时，提前设置了函数的 excel 表格就会自动报错，起到一定的自动监督作用。

（三）一致性原则

一致性是指数据收集时是否遵循了统一的规范，数据集合是否保持了统一的格式。数据质量的一致性主要体现在数据记录的规范和数据是否符合逻辑。规范指的是一项数据存在它特定的格式，如种公猪的个体耳号，公猪耳号的每一位上的编码数字都有特定的含义。在记录和收集公猪精液品质性能数据时，往往需要利用公猪耳号去匹配公猪档案信息和精液品质性状信息，此时就需要特别注意耳号记录的一致性。逻辑指的是数据之间存在着固定的逻辑关系，如精子活力的范围为 0～100%，超出这个范围的数据肯定属于错误数据，不符合逻辑。

（四）及时性原则

及时性原则指数据记录应当及时进行。及时性原则要求数据的处理必须于事情发生时及时进行，不得拖延和积压，以便于信息的及时利用。及时性包括两个方面：一是记录数据的处理应当在当期内进行，不得拖延；二是数据处理的结果应当在数据记录结束后按规定的日期内报送有关部门。及时性原则是为了保证记录信息的有用性。例如，对于公猪档案信息，档案数据应及时采集与更新，实时反映公猪生产管理中的变化，使公猪档案数据具备时效性，便于管理者及时掌握公猪群生产动态。再如，对于精液生产数据，采精员应当每日记录采精公猪的耳号和采精日期，而精液检测员则应记录每日采精公猪的精液品质和精液分装瓶数的数据，否则公猪站场长则无法及时了解每日猪群精液使用情况，不便于对种公猪的合理使用，这种情况在商业公猪站更加应该注意。

（五）全面性原则

全面性原则指评价的项目要全面，不能片面强调评价标准的某一项目。在数据收集和记录过程中，全面完整的数据有利于分析和查找公猪生产中的问题。这就意味着在数据收集前要有明确的目标，收集指标要能够完全反映所要分析研究的目的。在收集过程中和收集完成后要有系统的检查机制确定收集的数据是否完整。例如，我们建议在分析公猪精液品质时，应该按照公猪品种-品系-血统-个体四个层面来进行分析，因此在记录精液品质数据的同时，还应当记录公猪的品种、品系、系谱和个体相关信息，如果生产中发现缺失这些信息，则说明精液品质性状数据的记录不符合全面性原则。

三、精液性状数据的采集方式

数据收集是指根据系统自身的需求和用户的需要收集相关的数据。在公猪生产中，数据收集方式主要包括纸质记录的人工采集、纸质记录＋电子记录的半自动采集以及全自动采集三种方式。本章主要介绍纸质记录＋电子记录的半自动采集的收集方式。

纸质记录＋电子记录的半自动采集的收集方式包括两个环节，即纸质记录和软件信息录入。例如，在生产精液产品时，检测员在实验室对精液品质检测，检测合格的精液可以进行稀释和分装。通常情况下检测员会先把精液品质检测数据及精液产品产量数据记录在记录本上，等所有检测和分装工作完成后再将记录的数据录入软件中以备后续分析使用。国内像广西扬翔股份有限公司、四川德康农牧食品集团股份有限公司和四川铁骑力士集团等企业都是采用这种模式进行精液品质性状数据的记录和收集，只是各企业使用的管理软件有所不同。这些猪场管理软件的应用使数据采集和存储更为便捷和高效，极大地促进了公猪站生产数据的收集和存储，为后续数据分析奠定了数据基础。除上述企业各自开发的管理软件外，国内市场上还有很多类似功能的软件可以供一些中小企业使用（图 7－2）。

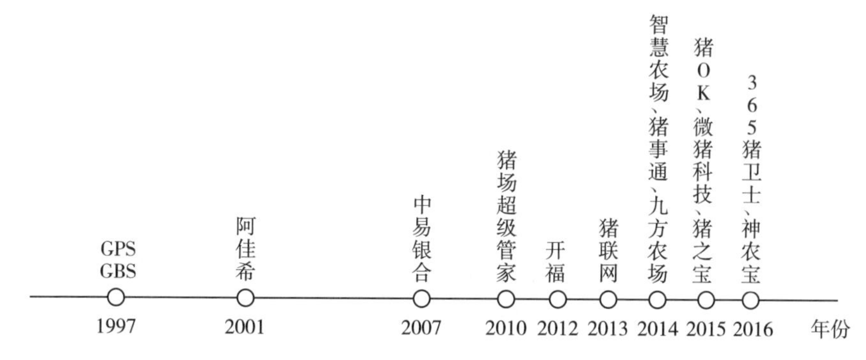

图 7－2　国内猪场管理软件开发与应用进程

（资料来源：王帅和冯迎春，2016）

第三节　精液品质性状数据的分析方法

精液品质性状数据的分析主要包括数据收集、数据预处理、数据建模与挖掘、可视化四个步骤。本章第二节已经介绍了精液品质性状数据的收集内容和规范，本节内容主要围绕精液品质性状数据的预处理方法和数学建模两个方面讲述，数据可视化内容在本章中暂不做讨论。

一、精液性状数据的预处理

（一）数据清洗

数据清洗是对目标数据进行重新审查、处理及校验的过程，其目的是发现并科学处理其中的无效值、缺失值、异常数据和重复数据。数据清洗的内容主要包括缺失值处理、去除重复记录和噪声数据处理。

1. 缺失值处理　处理缺失值的方法主要有三类，即删除元组、数据补齐和不处理。删除元组就是指将缺失数据的数据元组直接删除，使数据集中不含缺失数据，从而形成一个完整的数据集。例如，在分析公猪常规精液品质时，某头公猪精液记录数据中缺失精子活力和精子畸形率的数据，就可以通过删除这头公猪的整条记录，从而保证精液品质数据集中的所有记录是完整的。

缺失值处理的第二类方法是数据补齐，方法包括平均值填充法、K 最近邻法和回归法。平均值填充法是指将数据集中的数据属性分为数值属性和非数值属性，若空缺值是数值型，则根据该属性所在的其他所有对象的平均值来填充该空缺值。如精子活力这个性状是数值属性的。当缺失某一头公猪的精子活力数据需要进行填补时，可以根据与该公猪同品种、同品系和同月龄的其他公猪精子活力的平均值来填补。若空缺值是非数值型，则根据统计学中的众数原理，取次数最多的值来填充该空缺值。一次精液是否可用属于非数值型数据。要对缺失的数据进行填补时，可以根据与该公猪同品种、同品系和同月龄的其他公猪精液是否可用的频率来填补。

K 最近邻法是先根据欧式距离或相关分析来确定距离缺失数据样本最近的 K 个样本，将这 K 个值加权平均来估计该样本的缺失数据。如有 100 条精子活力数据，其中第 25 条和第 50 条数据缺失，则可以使用第 26～49 条的精子活力数据的平均值进行填补。

回归法则是基于完整的数据集建立回归模型，对于空缺的数据，将已知属性值代入方程来估计未知属性值，以此估计值来进行填充。如有 100 头公猪精液品质数据记录了射精量、精子密度、精子活力和精子畸形率四项，其中第 50 头公猪缺失精子活力数据，那么以精子活力为因变量，以射精量、精子密度和畸形率数据为自变量，利用其余 99 头公猪精液数据进行多重线性回归，得到回归方程后再把第 50 头公猪的射精量、精子密度和畸形率数据代入方程，求得的 y 值，即为需要填补的缺失值。

缺失值处理的第三类方法是不处理，即忽略缺失数据，也不对缺失数据进行填充，直接在具有缺失数据的数据集上进行数据挖掘与分析。

2. 重复数据的清洗 实际生产中，可能存在对某次精液检测后的数据重复记录。在进行分析前需要将重复数据筛选出来。目前，有很多软件可以帮助实现这一操作，常用到的软件如 Excel、SAS、SPSS 和 Python。以常用的 Excel 为例，可以利用菜单栏的“删除重复值”功能删除勾选的重复数据字段；也可以使用“countif”函数对指定精液品质数据记录区域进行筛选；另外还可以使用数据透视表功能查看重复数据的重复次数情况。

3. 噪声数据的清洗 噪声指的是数据中存在的随机误差。常用的消除噪声数据的方法是分箱法，就是一种将连续型数据分成小间隔的离散化方法，每个小间隔的标号可以替代实际的数据值以此来达到离散化数据的目的。如要拟合公猪月龄与精子活力之间的函数关系时，有时由于公猪出生日期记录错误，导致得到的公猪月龄数据不准确。这时我们可以对公猪月龄数据进行分段，如8～12月龄、13～18月龄、19～24月龄、25～36月龄和≥37月龄，然后以每个段内的平均值/中位数等结果代表该分段（箱）的值，再与精子活力数据进行拟合。

（二）数据集成

数据集成是指将多个数据集按照应用要求进行整理、转换与加工的集成过程。一般而言，数据集成包括三方面内容：一是模式集成，主要是对数据库中元数据进行模式识别。在记录和分析公猪精液品质性状数据时，模式识别主要处理的问题为在不同企业间统一具有相同含义数据字段的名称。例如，对于猪场名称记录，A企业记录表中称为公猪站，B企业则称为猪场；再比如精液量指标，A企业记录表中称为射精量，而B企业则称为精液量。很显然，无论是猪场名称，还是精液量指标，它们在两个企业间的含义相同，区别只是名称不同，因此在数据集成时可以统一标准进行整合，这即是模式识别；二是冗余数据的集成，即将无用数据删除，保留有效数据。例如，一般的猪场管理软件在记录公猪生产数据时都有两个表格——公猪档案表和精液品质记录表，两个表格中有些信息记录存在重复，如都有公猪个体相关信息的记录，但是在做数据分析时需要将这些重复的个体信息删除并整合到一起，用到的思想就是冗余数据的集成；三是对数值冲突的检测与处理。公猪生产中，数值冲突的情况可能主要出现在不同企业记录精液品质性状数据的单位会有所不同。例如，A企业记录精子密度时的单位是$\times 10^8$个/mL，B企业记录精子密度时的单位是$\times 10^9$个/mL，这就导致同一指标在不同企业数据记录系统中的记录结果不同，因此应该对数值冲突的情况进行检测与处理，将精子密度指标的单位在不同企业间校正一致。在数据集成过程中，需要根据实际要求有针对性地对数据进行筛选，保留有价值的数据，将不同类型的数据整合在一起，为数据分析打好基础。

（三）数据转化

数据转化是采用线性或非线性的数学变换方式将数据转换或统一成适合于挖掘的形式。常见的数据变换方法包括：①数据平滑是指通过分箱、回归和聚类法去掉噪声数据，类似于噪声数据的清洗过程；②数据聚集是指对数据进行汇总或聚集，如对若干条精子活力数据进行计数、求和、取最大值、取最小值，等等，都属于数据聚集的范畴；③数据概化是指使用概念分层减少数据复杂度，用高层概念替换低层或“原始”数据；例如，可以将 12 月龄以下的公猪归为青年公猪，将 13～24 月龄的成年公猪和 36 月龄以上的公猪归为老年公猪；④数据规范化是指将数据按比例缩放，使其落入特定区域。假设有一批射精量数据，最小值为 50mL，最大值为 400mL，其中有一条 200mL 的数据，那么可以运用最小-最大规范化原则将该条数据按照（200－50)/(400－50）的公式转化为 0.43。

（四）数据归约

数据归约是在对发现任务和数据本身内容理解的基础上，寻找依赖于发现目标的表达数据的有用特征以缩减数据模型，从而在尽可能保持数据原貌的前提下最大限度地精简数据量，使数据挖掘更高效。数据归约常用的方法包括维归约、数据压缩、数值归约和数据离散化等。

1. 维归约 是指通过删除不相关的属性（或维）减少数据量。通常采用属性子集选择方法找出最小属性集，使数据类的概率分布尽可能地接近使用所有属性的原分布。例如，要分析精子活力的影响因素时，如公猪品种、月龄、采精季节和采精频率都会影响精子活力，在数据集中是需要保留的，而记录项中的采精批次编号与该问题无关，因此可以删除该项不相关的属性来减少数据量。

2. 数据压缩 是应用数据编码或变换得到原数据的归约或压缩表示。数据压缩分为无损压缩和有损压缩，比较有效的有损数据压缩方法是小波变换和主成分分析。

3. 数值归约 主要是通过变换数据的形式来得到可以保持原有数据完整性的相对较小的数据集，从而使数据挖掘变得可行。使用较多的数值归约技术包括对数线性模型、直方图、聚类和抽样等方法。如想分析不同引种月龄对公猪精液品质的影响，未采用数值归约前汇总的结果是以每个引种月龄为横坐标呈现公猪精液品质的变化，采用数值归约后可以将引种月龄划分为＜7 月龄、8～9 月龄和＞10 月龄，然后重新分析数值归约后的公猪精液品质变化。

4. 数据离散化 数据离散化属于数据变化的一种，是指将连续的属性值划分为离散的几个区间，离散的属性值划分为不同的几个取值范围，从而减少属性值的数量，提高属性值的内涵。以研究公猪月龄与射精量的关系为例来说明，如收集的样本中公猪月龄介于 10～36 月龄，在分箱法中通过使用等行等宽分箱，即每 2 个月龄划分为一个段，然后用箱中的均值替换箱中的每个值，就可以将射精量数据离散化。

二、精液性状数据的分布特征及假设检验

精液性状数据分布不同，有的呈正态分布，有的呈偏态分布，因此精液品质各项参数的假设检验方法及结果呈现方式也不尽相同。

（一）数据的分布类型

大多数统计方法要求数据总体服从正态分布，因此在进行数据分析之前，首先应该检测数据是否符合正态分布。

数据正态性检验可以通过 P-P 图检验数据是否与正态分布相符合，并采用 Shapiro-Wilk 检验数据的正态性。一般以 $P>0.05$ 作为断定总体呈正态分布的标准。对于非正态分布数据可以采用 Box-Cox 变换，包括对数变换、平方根变换、倒数变换等方式进行正态性转换。转换后为正态分布的数据以正态分布方式进行数据统计，转换后仍为非正态分布的数据以非正态分布方式进行数据统计。因此，对公猪射精量、精子密度、精子活力、精子畸形率、总精子数和有效精子数的数据统计分析前，严格的正态性检验是保证数据正确分析的前提。

例如，在一项研究中采用 P-P 图和 Shapiro-Wilk 检验精液性状数据正态性发现，射精量、精子密度、总精子数和有效精子数经平方根转换或对数转换后可以达到正态性分布，而精子活力和精子畸形率指标尝试多种数据转换方式后仍无法达到正态性分布（$P<0.05$；图 7-3，表 7-8），研究中以非正态分布形式进行统计分析。

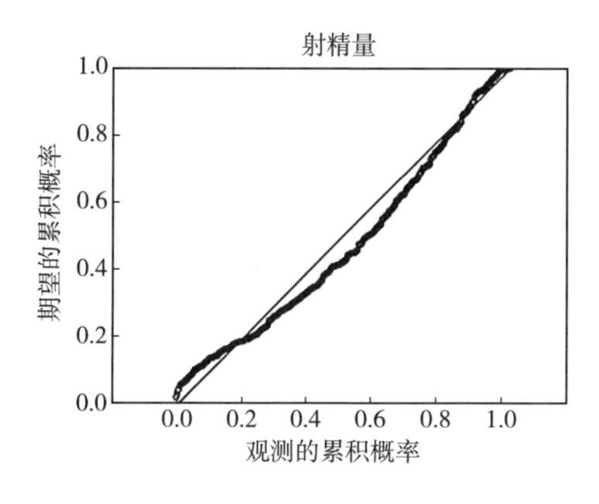

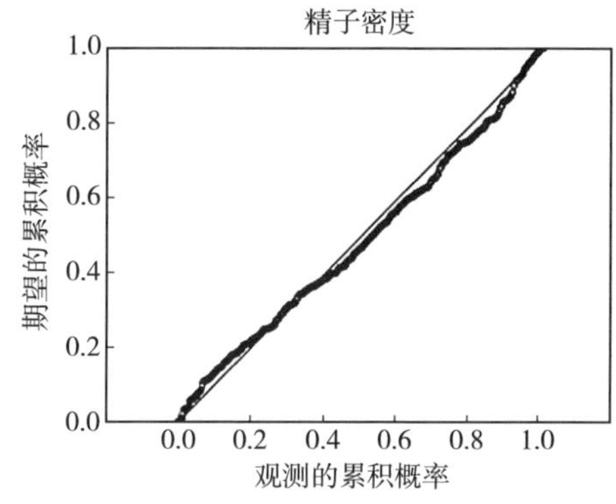

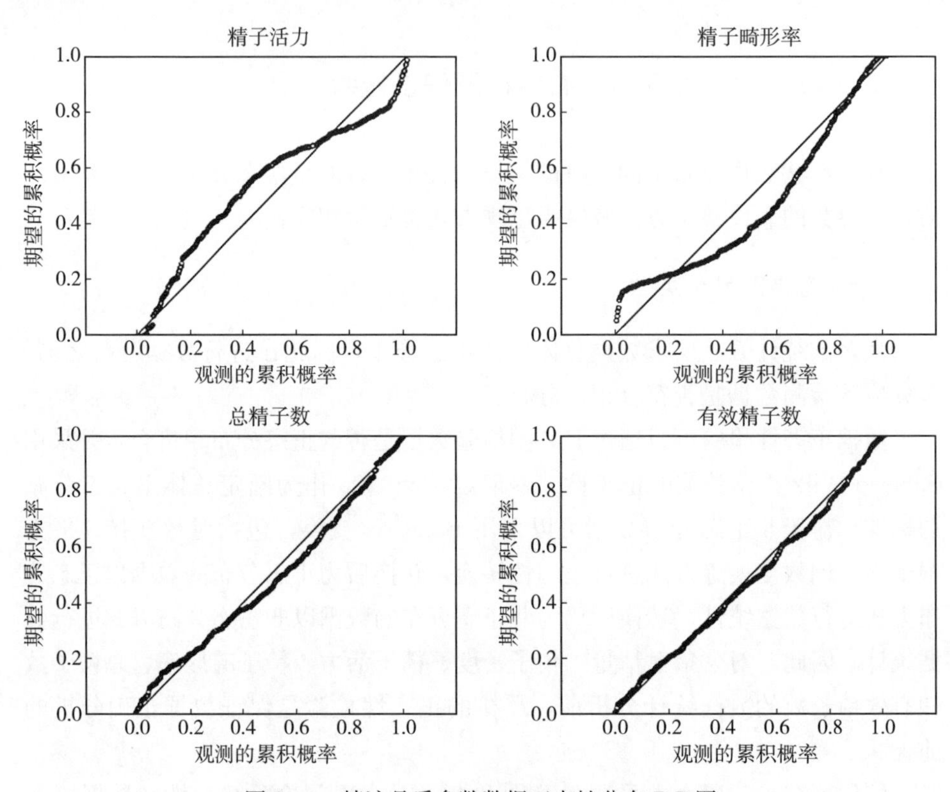

图 7-3 精液品质参数数据正态性分布 P-P 图

表 7-8 精液品质参数和元素含量数据正态性分析结果

指标		偏度		峰度		正态性检验	
		统计量	标准误	统计量	标准误	**P** 值	正态性
射精量，mL	原始数据	0.90	0.12	0.72	0.25	<0.05	否
	对数变换	0.14	0.12	−0.26	0.25	0.32	是
精子密度，10^6 个/mL	原始数据	0.86	0.12	3.84	0.25	<0.05	否
	平方根变换	−0.20	0.13	1.13	0.25	0.20	是
精子活力，%	原始数据	−1.99	0.12	5.88	0.25	<0.05	否
精子畸形率，%	原始数据	1.50	0.12	2.56	0.25	<0.05	否
总精子数，10^9/次	原始数据	0.98	0.12	3.23	0.25	<0.05	否
	平方根变换	0.42	0.13	1.30	0.25	0.20	是
有效精子数，10^9 个/次	原始数据	0.63	0.12	1.31	0.25	<0.05	否
	平方根变换	−0.05	0.12	0.77	−0.03	0.17	是

资料来源：吴英慧，2021。

（二）数据的假设检验及参数估计

1. 假设检验　假设检验亦称显著性检验，是统计推断的重要内容之一，其目的是定性比较总体参数之间有无差别或总体分布是否相同。假设检验的步骤包括建立假设和确定检验标准、选择检验方法和计算检验统计量以及根据 P 值做出统计推断。

（1）建立假设和确定检验标准　假设检验包括原假设和备择假设。原假设符号为 H_0，指需要检验的假设，备择假设符号为 H_1，是在 H_0 成立证据不足的情况下而被接受的假设。建立检验假设的同时，还必须给出检验水准。检验水准亦称显著性水准，用 α 表示，是预先规定的拒绝域的概率值，一般取 $\alpha=0.05$ 或 $\alpha=0.01$。显然，α 值越大越容易得出有差别的结论。例如，选取 100 头杜洛克公猪为试验材料，研究日粮添加止痢草精油是否可以改善杜洛克公猪的精子活力，那么原假设 H_0：日粮添加止痢草精油不能改善杜洛克公猪精子活力；备择假设 H_1：日粮添加止痢草精油能够改善杜洛克公猪精子活力。显著性水平设定为 0.05，经检验后的 $P<0.05$，我们拒绝原假设 H_0，接受备择假设 H_1，即日粮添加止痢草精油能够改善杜洛克公猪精子活力。

（2）选择检验方法和计算检验统计量　根据资料类型、研究设计方案和统计推断的目的，选择适当的检验方法和计算公式。许多假设检验方法是以检验统计量来命名的，如 t 检验、z 检验、F 检验和 χ^2 检验等。

（3）根据 P 值做出统计推断　查表得到检验用的临界值，然后将算得的统计量与拒绝域的临界值作比较，确定 P 值。如对双侧 t 检验 $|t| \geqslant t\alpha/2$，则 $P \leqslant \alpha$，按 α 检验水准拒绝 H_0，接受 H_1；若 $P>\alpha$，则不能拒绝 H_0。

2. 参数估计　要了解总体特征就需要知道该总体有关的参数。由于总体通常非常大，难以通过对每个个体进行度量来计算参数，因此只能通过样本统计量来估计参数，即参数估计。根据研究总体的分布是否已知，又可分为参数估计和非参数估计。

参数估计主要有点估计和区间估计两种方法。点估计是指使用样本的某一统计量直接作为总体参数的估计值。例如，用样本的平均值 $\overline{X}$ 估计总体的 μ，用样本的方差 S^2 估计总体的方差 σ^2。但是该方法未考虑抽样误差，无法评价参数估计的准确程度。区间估计是指按照预先给定的概率，计算出一个区间，使它能够包括未知的总体参数。事先给定的概率 $1-\alpha$ 称为可信度（通常取 0.95 或 0.99），计算得到的区间称为可信区间或置信区间。可信区间通常由两个数值界定的可信限构成，数值较小的称为下限，数值较大的称为上限。当总体的分布情况未知，同时样本容量又小，无法运用中心极限定理实施参数检验来推断总体的集中趋势和离散程度时，可以用非参数检验。非参数检验对总体分布不做假设，直接从样本的分析入手推断总体的分布。表 7 - 9 汇总了有关参数估计和非参数估计的筛选条件。

表 7 - 9 参数估计与非参数估计方法对比

比较项目	参数估计	非参数估计
检验对象	总体参数	总体分布和参数
总体分布	正态分布	分布未知
数据类型	连续数据	连续数据或离散数据
检验效能	高	低

三、精液性状数据的分析方法

（一）描述性统计

在实际生产中，公猪站管理者对生产数据的第一需求是想了解生产成绩的大致情况，如不同月份公猪站精液利用率、公猪淘汰率或者具体的精液品质性状参数信息，就可以采用描述性统计的方法进行初步分析。

描述性统计是数据分析的第一步，是了解和认识数据基本特征和结构的方法，也是更好地开展后续变量间相关性等复杂数据分析的基础。

统计学中的变量根据数据属性和特征大致可以分为数值变量（如公猪头数、射精量和精子密度等）与分类变量（精液是否可用和公猪是否健康等），根据变量类型特征的不同，描述性统计的方式不同。其中，数值变量根据取值特点不同可以分为连续型变量（射精量和精子密度）和离散型变量（公猪头数和采精间隔天数）两类。符合正态分布的连续型变量结果呈现方式一般以平均值±标准差的形式表示；而离散型变量的结果一般以中位数（最小值-最大值）的形式表示。

一个数据的特征可以用数据的集中趋势和离散趋势两个特征来描述。数据的集中趋势分析是指一组数据向某一位置聚集的趋势，主要的统计量有算数平均数（arithmetic mean）、几何平均数（geometric mean）、中位数（median）和众数（mode）。算数平均数适用于正态分布和对称分布的数据，中位数适用于所有类型。如果各个数据之间差异程度较小，用平均数就有很好的代表性；而如果数据之间的差异程度较大，特别是有个别极端值的情况下，用中位数或众数有较好的代表性。数据的离散趋势分析是指描述观测值偏离中心位置的趋势，反映一组数据背离分布中心值的特征。离散趋势分析主要的统计量有方差（variance）、标准差（standard deviation）、极差（range）、最大值（maximum）和最小值（minimum）。例如，一个企业下属 7 个公猪站，每个公猪站 2021 年 6 月分别生产了 2 000、2 000、2 500、3 500、4 000、5 000 和 6 000 袋猪精产品，那么反映 7 个公猪站 6 月精液产品生产集中趋势的平均数为 3 571.32，中位数为 3 500，众数为 2 000；反映离散趋势的方差为 2 369 048，标准差为 1 539.17，最大值为 6 000，最小值为 2 000，极差为 4 000。这些特征指标在 Excel 软件中可以计算，如反映集中趋势的平均数、中位数和众数的计算函数分别为 average 函数、median 函数和 mode 函数；反映离散趋势的标准差、最大值和最小值的函数分别为 stdev 函数、max 函数和 min 函数；方差的计算方法是利用 power 函数对标准差进行平方计算，极差的计算方法是在求出最大值和最小值之后，利用减法公式求出。

（二）预测分析

时间序列分析一直都是数据挖掘的重要组成部分之一，在描绘事物的现状和预测未来发展的方面具有广泛的应用，也是近些年机器学习的热点之一。通过预测分析，公猪站的管理者不仅可以对未来的变化趋势有所知晓，并为变化趋势做好准备。

时间序列分析一般的流程主要包括预处理、平稳性判断、纯随机性检验和平稳序列建模等过程。

1. 预处理 拿到数据序列之后，首先要对它的平稳性和纯随机性进行检验，对这两个重要的检验称为序列的预处理。根据检验的结果可以将序列分为不同的类型，对不同类型的序列需要采用不同的分析方法。

2. 平稳性判断 平稳时间序列有两种定义，根据限制条件的严格程度可以分为严平稳时间序列和宽平稳时间序列。严平稳是一种条件比较苛刻的平稳性定义，它认为只有当序列所有的统计性质都不会随着时间的推移而发生变化时，该序列才能被认为是平稳的。然而在实践中，想要得到这种随机序列的联合分布非常困难，而且即使知道随机序列的联合分布，计算和应用也非常不方便，所以严平稳时间序列通常只具有理论意义，在实践中更多用到的是条件比较宽松的宽平稳时间序列。所谓宽平稳，也称为弱平稳或二阶平稳，是使用序列的特征统计量来定义的一种平稳性。由于序列的统计性质主要由它的低阶矩决定，所以只要保证序列低阶矩（二阶）平稳，就能保证序列的主要性质近似稳定。显然，严平稳比宽平稳的条件严格，严平稳是对序列联合分布的要求以保证序列所有的统计特征都相同；而宽平稳只要求序列二阶平稳，对于高于二阶的矩没有任何要求。所以通常情况下，严平稳序列也满足宽平稳条件，而宽平稳序列不能反推严平稳成立。不过这并不是绝对的，两种情况都有特例。

3. 纯随机性检验 并不是所有的时间序列都值得建模，只有那些序列值之间具有密切的相关关系，历史数据对未来的发展有一定影响的序列才值得去挖掘历史数据中的有效信息，用来预测序列未来的发展。如果序列值彼此之间没有任何相关性，也就意味着该序列是一个没有记忆的序列，过去的行为对将来的发展没有丝毫影响，这种序列称为纯随机序列，从统计分析的角度而言，纯随机序列是没有任何分析价值的序列。

4. 平稳序列建模 假如某个观察值序列通过序列预处理可以判定为平稳非白噪声序列，就可以利用时间序列分析方法对该序列进行建模，建模的基本步骤如图 7-4 所示。

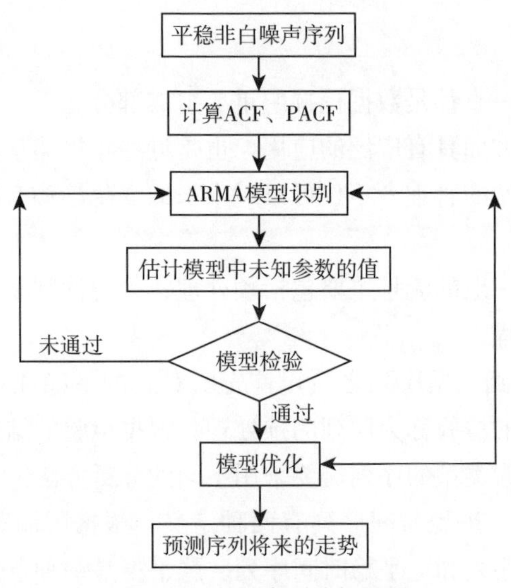

图 7-4 时间序列分析过程

说明：①求出该观察值序列的样本自相关系数（autocorrelation coefficient，ACF）和样本偏自相关系数（partial autocorrelation coefficient，PACF）的值；②根据样本 ACF 和 PACF 的性质，选择阶数适当的自回归滑动平均模型（autoregressive moving average model，ARMA）进行拟合；③估计模型中未知参数的值；④检验模型的有效性，如果拟合模型未通过检验，回到步骤②，重新选择模型拟合；⑤模型优化，如果拟合模型通过检验，仍回到步骤②，充分考虑各种可能，建立多个拟合模型，从所有通过检验的拟合模型中选择最优模型；⑥利用拟合模型，预测序列未来的走势。

（三）因素分析

由上所述，描述性统计可以总结数据的分布特征、集中变化趋势和离散变化趋势，时间序列分析又可以呈现数据历史变化规律及实现预测，但是生产中管理者还想了解精液品质变化是由于什么原因造成的，这时就需要通过因素分析找到主要的影响因素并为采取相应的技术措施提供决策的依据。

1. 一般线性模型（general linear model，GLM） GLM模型是一类分析模型的统称。依据结局变量的属性（分类变量还是连续变量）、解释变量的性质、有无协变量以及分布情况可以分为多种分析模型，通常包括线性回归模型、方差分析模型、协方差分析模型和广义线性模型等。

GLM模型选用条件应包括以下4点：①ε_i符合正态分布（满足正态性）；②ε_i（$I=1, 2, 3, \cdots, i$）间相互独立（满足相互独立性）；③$E(\varepsilon_i)=0$，方差为一常数（满足方差齐性）；④响应变量Y_i与解释变量x_m（$m=1, 2, 3, \cdots, m$）具有线性关系。以上4点均满足后，才可依据分析目的决定是否选用GLM模型。结合公猪生产数据实际情况，应用较广的主要为线性回归模型和方差分析模型。

（1）线性回归模型

$$Y_i=\beta_0+\beta_1X_1+\beta_2X_2+\cdots+\beta_mX_m+\varepsilon_i$$

其中，Y_i代表第i次的结局变量观测值，X_1，X_2，X_3，…，m代表m种定量的解释变量，β_0，β_1，β_2，β_3，…，β_m代表与设计矩阵X_m的回归系数，ε_i则代表随机误差向量。线性回归模型是用来确定两种或两种以上变量间相互依赖的定量关系，生产中能够使用的情景如研究公猪采食量与精液品质的关系，通过回归方法可以确定公猪采食量与精液品质之间的量化关系。

（2）方差分析模型 用来研究诸多控制变量中哪些解释变量是对结局变量有显著影响的变量，一般用于两个及两个以上样本均数差别的显著性检验。根据解释变量X属性，如固定效应、随机效应及固定与随机两种效应的定性影响因素，方差分析模型可分为固定效应方差分析模型、随机效应方差分析模型和混合效应方差分析模型。

①模型中只有固定效应成分的方差分析模型称为固定效应方差分析模型。在母猪生产中，假设某集团下属管辖5个公猪站，为了研究5个公猪站应用某种营养技术方案对精液品质的影响，收集5个公猪站的所有精液品质数据，这

时应该采用固定效应模型进行分析。本书以两因素析因设计为例，设定解释变量 A 和 B 均为固定效应，分别有 a 和 b 个水平，则共有 $a \times b$ 种组合方式，每种组合下分别重复 k 次试验（$k \geqslant 2$），Y 代表定量数据的响应变量，则该试验设计下的固定效应方差分析模型可表述为：

$$Y_{ijk} = \mu + \alpha_i + \beta_j + (\alpha\beta)_{ij} + \varepsilon_{ijk}$$

$$i = 1,2,\cdots,a; j = 1,2,3,\cdots,b; k = 1,2,3,\cdots,n$$

式中，μ 代表总体平均值，α_i 代表解释变量 A 第 i 个水平的效应（即 $\alpha_i = \mu A_i - \mu$），β_j 代表解释变量 B 第 j 个水平的效应（即 $\beta_j = \mu B_j - \mu$），$(\alpha\beta)_{ij}$ 代表 A 与 B 分别在第 i 水平与第 j 水平组合条件下的交互作用，ε_{ijk} 代表随机误差分量。

②实际生产中，有时无法或没有必要确定所有的因素水平，所确定的因素或水平只是众多因素或水平中随机抽取的，相当于在总体中抽取样本，这样所产生的效应称为随机效应，对应的模型称之为随机效应方差分析模型。模型公式可表述如下：

$$Y_{ijk} = \mu + \alpha_i + \beta_j + (\alpha\beta)_{ij} + \varepsilon_{ijk}$$

$$i = 1,2,3,\cdots,a; j = 1,2,3,\cdots,b; k = 1,2,3,\cdots,n$$

式中，μ 是总平均效应，α_i、β_j、$(\alpha\beta)_{ij}$ 以及 ε_{ijk} 都是随机变量。特别地，假定 α_i 服从 NID（0，$\alpha_i{}^2$），β_j 服从 NID（0，$\sigma\beta^2$），$(\alpha\beta)_{ij}$ 服从 NID（0，$\sigma\alpha\beta^2$），ε_{ijk} 服从 NID（0，σ^2）。由此推断出任一观测值的方差为：

$$V(Y_{ijk}) = \sigma\alpha^2 + \sigma\beta^2 + \sigma\tau\beta^2 + \sigma^2$$

式中，$\sigma\alpha^2$、$\sigma\beta^2$、$\sigma\tau\beta^2$ 和 σ^2 四项为方差向量，因此随机效应方差分析模型也被称为方差向量模型。对于随机效应方差分析模型，我们只要检验随机效应的方差是否为 0 即可，而不用检验各处理效应。

③既包含固定效应也包含随机效应的方差分析模型称为混合效应方差分析模型，进行的检验也是固定效应和随机效应相结合。模型公式可表述如下：

$$Y_{ijk} = \mu + \alpha_i + \beta_j + (\alpha\beta)_{ij} + \varepsilon_{ijk}$$

$$i = 1,2,\cdots,a; j = 1,2,3,\cdots,b; k = 1,2,3,\cdots,n$$

式中，α_i 代表固定效应，β_j 代表随机效应，并且假定 $(\alpha\beta)_{ij}$ 也代表随机效应，而 ε_{ijk} 代表随机误差。假定 $E(\alpha)=0$，β_j 服从 NID（0，$\sigma\beta^2$），$(\alpha\beta)_{ij}$ 服从 NID（0，$\alpha - \frac{1}{\alpha}\sigma^2\alpha\beta$），$\varepsilon_{ijk}$ 服从 NID（0，σ^2）。

2. Logistic 回归模型 当反应变量 Y 为分类变量时，线性回归方法就不可使用，而逻辑回归分析是处理该问题的有效方法。该方法对自变量的性质几乎没有限制，但要求有较大的样本量。逻辑回归系数具有明确的实际意义，可以根据回归系数得到优势比（odds ratio，OR）的估计值，然后根据 OR 值的大小来判断不同解释变量对结局变量的影响大小。

Logistic 回归模型依据自变量和因变量的特征不同，可以分为不同的类型（图 7-5）。一般来讲，依据自变量个数的不同，可分为单变量逻辑回归模型和多重逻辑回归模型。当自变量个数为 1 时，对应的分析模型即为单变量逻辑回归模型；当自变量个数为 n 时，此时对应的分析模型即为多重回归模型。特别地，当自变量中存在无序多分类变量时，应该设定哑变量进行转换。此外，依据反应变量类型的不同，又可分为二分类逻辑回归模型、有序多分类逻辑回归模型和无序多分类逻辑回归模型。当我们研究公猪某种疾病发病与否时，应该选用二分类逻辑回归模型，一般设定未发病=0，发病=1；当我们研究公猪某种疾病进程时，应该选用有序多分类逻辑回归模型，一般设定正常=0，轻度=1，中度=2，严重=3，数值大小代表严重程度；当我们研究某种信息获取渠道时，应该选用无序多分类逻辑回归模型，一般通过设定参考线进行对比。

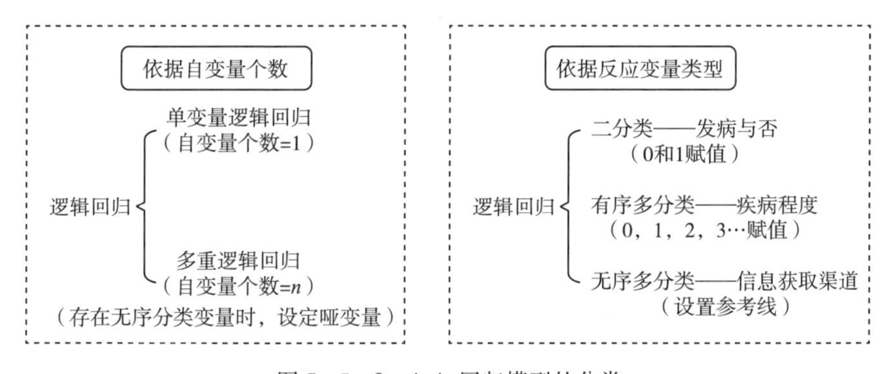

图 7-5　Logistic 回归模型的分类

3. 多层统计模型　在科学研究中，研究的对象往往不是一个孤立的单元，而是一个由相互关联、相互制约的众多因素构成的复杂系统，这些制约因素既有可能发生在同一层次上也有可能发生在不同层次上。当发生在不同层次上时，数据就形成了分层结构。分层数据具有两个显著特征：①在组内同质性或组间异质性；②跨组交互作用，这种关系可能随组群不同而变化。对于分层数据，传统的分析方法多采用单元重复测量方差分析和多元重复测量方差分析两种方法。单元重复测量方差分析的优点是考虑了个体效应，减少了残差方差；但是其缺点是需要采用“复合对称”假设，要求任何点上的残差方差相等，且协方差要求为常数。这种假设在多数纵向数据中不太可能成立。与单元重复测量方差分析不同，多元重复测量方差分析不对个体内方差/协方差结构做任何限制性假设。但是却要求数据的完整性和均衡性，并且需要在同一时间点测量，且在所有时间点均测量。倘若一个研究对象错过一次随访调查或在任何一个评估时间点有观察值缺失，则该研究对象就要从总体数据中被剔除，所以造成样本量的极大流失。

多层统计分析模型则不要求观察数据相互独立，因此可以避免因数据的非独立性引起的参数标准误估计的偏离。此外，通过多层模型分析还能够将结局测量中的变异分解成为组内变异和组间变异，因而还可剖析响应变量在高水平因素及低水平因素间的相对变异的情况。当分析数据样本量异常大时，可能会导致有些组样本量非常小，在处理这种稀疏数据时，多层模型分析时允许存在缺失值，因此该模型是适合于此类数据的重要统计方法；当数据具有纵向特征时，多层统计分析模型又可以用来研究纵向数据中结局测量随时间变化的发展轨迹。

多层统计分析模型建模步骤如下：

（1）需要计算组内相关系数（intra-class correlation coefficient，ICC），确定数据类型是否适合采用多层统计分析模型。组内相关系数＝组间方差/(组内方差＋组间方差)；其中组内方差和组间方差可以根据建立的空模型，采用 SAS（one-way random effect ANOVA）计算，两水平空模型方程如下：

$$Y_{ij} = \gamma_{00} + u_{oj} + e_{ij} \qquad \text{（方程 1）}$$

式中，Y_{ij} 代表结局测量值，γ_{00} 代表总均数，u_{oj} 代表组间均值的变异，e_{ij} 代表残差。组内同质表明组间异质，如果某数据集的 *ICC* 统计不显著，该数据则采用多元回归模型，不需要多层模型分析；如果 *ICC* 统计显著，则应考虑对其进行多层模型分析。

（2）将高水平（水平 2）解释变量纳入空模型，用场景变量解释组间变异。纳入水平 2 场景变量后模型方程如下：

$$Y_{ij} = \gamma_{00} + \gamma_{01} X_{1j} + u_{oj} + e_{ij} \qquad \text{（方程 2）}$$

式中，Y_{ij} 代表结局测量值，γ_{00} 代表总均数，γ_{01} 代表场景变量 X_{1j} 斜率，u_{oj} 代表组间均值的变异，e_{ij} 代表残差。采用 SAS（Proc Mixed ＝ REML covtest）查看该模型拟合过程迭代史，协方差参数估计，拟合统计量（－2 倍限制对数似然值：－2 Res Log Likelihood，－2LL；Akaike's 信息标准：Akaike's information criterion，AIC；有限样本校正 AIC：finite-sample corrected version of AIC，AICC；贝叶斯信息标准：Bayesian information

Criterion，BIC），固定效应估计值以及Ⅲ型检验结果，根据上述信息可以确定一个场景变量是否对结局测量产生影响，从而确定模型中是否引入该变量。

（3）将低水平（水平 1）解释变量引入模型，引入多个水平 1 解释变量时，首先将这些变量视作固定效应，并且不考虑水平 1 和水平 2 的跨层交互作用，检验新模型拟合效果（以两个水平 1 解释变量为例）。纳入水平 1 解释变量后模型方程如下：

$$Y_{ij} = \gamma_{00} + \gamma_{01} X_{1j} + \beta_1 A_{1j} + \beta_2 B_{1j} + u_{oj} + e_{ij} \quad \text{（方程 3）}$$

式中，Y_{ij}代表结局测量值，γ_{00}代表总均数，β_1 和 β_2 分别为水平 1 A_{1j}和 B_{1j}固定斜率，u_{oj}代表组间均值的变异，e_{ij}代表残差。采用 SAS（Proc Mixed）查看该模型拟合过程迭代史，协方差参数估计，拟合统计量，固定效应估计值以及Ⅲ型检验结果，与方程 2 中迭代次数、－2LL、AIC、AICC 及 BIC 对比，确定新模型拟合效果。根据固定效应输出确定有显著影响的水平 1 解释变量。

（4）检验水平 1 随机斜率。上一过程中引入水平 1 解释变量时视为固定效应，但实际应用过程中不能事先知道所引入变量是否随机，需要对每一个引入变量的斜率及其是否存在交互作用进行检验。采用 SAS（Proc Mixed，TYPE＝VC）进行探索性建模，根据结果输出的 G 矩阵及协方差参数估计来确定哪些水平 1 解释变量为随机效应或固定效应。

（5）检验水平 1 解释变量是否跨水平 2 变异。若在控制水平 2 场景变量的同时，水平 1 解释变量具有随机斜率，那么就需要对水平 1 随机斜率进行检验，确定其是否存在跨层交互作用。该过程可采用 SAS（Proc Mixed，MODEL 主效应＝水平 2 场景变量｜水平 1 随机斜率）完成，输出结果中可根据信息标准统计量确定新模型拟合效果。

第八章

猪人工授精站生物安全与疾病防控

随着我国生猪养殖逐步转向规模化、集约化和标准化，尤其是人工授精技术的广泛应用，使猪人工授精站在整个养猪生产中的地位愈发关键。种公猪能否提供安全优质的公猪精液，直接关系到猪群的健康水平，并影响种猪优良基因的推广，决定猪场的生产效益。因此，种公猪站的生物安全与疾病防控体系是生猪养殖体系中级别最高、要求最严格的，不仅需要科学而周密的设计，还应在养殖过程中配套完善的生物安全制度，彻底阻断病原的传播，以充分保障公猪群的健康水平。

第一节　猪人工授精站的生物安全体系与疫病净化

生物安全决定了猪人工授精站的疫病防控水平，尤其是在我国非洲猪瘟疫情流行的严峻背景下，生物安全甚至成为了猪人工授精站的生命线。对于种公猪站而言，其疫病防控的目标就是净化，特别是净化繁殖障碍性疾病的病原，以保证为下游的养猪生产提供源源不断的健康优质的精液。这对人工授精站生物安全体系的建设与管理提出了更高的要求，需要保证在养公猪和引种后备为病原阴性的前提下，通过科学的设计规划和严格的内外部生物安全管理，维持公猪群的病原阴性。

一、猪场生物安全体系

（一）猪场生物安全概念

猪场生物安全是指为防止猪场外病原传入、猪场内部病原扩散以及猪场内病原扩散到场外的一系列措施，核心在于阻断病原传播，保护猪群健康。

防止猪场外病原入侵也称为外部生物安全，其目的是将病原阻隔在猪场以外。外部生物安全需要考虑所有可能引起病原入侵的因素，并设置针对性的阻断措施。第一，猪场的选址应尽可能远离病原集中或容易发生病原扩散的区域。第二，猪场应设置多层生物安全防护圈。生物安全防护圈除了完整的实体围墙外，还应包括专用的人员隔离中心、物资消毒站、车辆冲洗消毒点、猪群中转站等，对靠近猪场的人员、车辆、物资等提前进行消毒和阻断，形成生物安全纵深，有效降低外界病原入侵的概率。

控制猪场内部病原扩散也称为内部生物安全，其目的是降低猪场内部已存在病原的密度，减小猪群感染压力，并阻断病原在猪场内的扩散。分区管理和防止交叉是内部生物安全的主要方面。猪场应将场内区域按功能作区间划分进行网格化管理，生产区通常以栋舍为单位。不同的功能区之间要严格防止交叉，即人员固定活动区域禁止串区；工具器械专区专用；并在各区之间设置完整的物理隔断和严格的消毒制度，规定人员、物资、猪群等的流向。由此，病原可有效地被限制在尽可能小的范围内，避免引起大的扩散，有助于疾病的快速处理和净化。

（二）公猪站生物安全整体布局

良好的生物安全布局使猪场具有应对病原入侵的结构性优势，可极大简化并保证生物安全流程的良好运行。

1. 猪场选址　猪场良好的选址应远离风险点，并有利于实际生产中防疫消毒工作的开展。

（1）远离居民区　养猪生产应远离人的活动区域。养猪生产不可避免地产生臭气、粪污、病死猪尸体等污染物，会冲击附近居民的生活环境。居民的活动不受控，其可能接触过发病动物并携带病原，在靠近猪场时可能威胁到猪场的生物安全。因此，猪场选址应尽可能远离居民区，建立在居民区的下风向，减少对周围村落生活环境的影响。

（2）远离动物交易、屠宰和养殖场所　动物交易、屠宰场所存在大量来源不明畜群的无序流动，车流、人流大且交叉频繁，废弃物集中易发生污染，具有极高的风险，猪场在选址时必须远离上述区域。

动物养殖密集区域意味着更多的病原蓄积，发生跨场传播的风险更高。需要指出的是，动物不仅仅指生猪，还包括反刍动物、禽等。这是因为许多病原，如口蹄疫、流感等，都具有跨物种传播引起疾病流行的能力。因此，猪场选址需尽量远离各类动物养殖密集的区域；或尽可能在这些区域的上风向选址和建设。病原发生空气传播一般不超过 2～3km，猪场选址的间隔距离可视养殖场类型和规模而定。一般而言，种猪场由于具有更高标准和更严格的生产体系和生物安全制度，其疫病感染风险相对于肥猪场而言更低。相同的生物安全防控水平下，大规模猪场相对于小规模猪场具有更高的风险系数。

（3）道路与地势　尽管猪场选址需保证交通便利，但考虑防疫和生物安全要求，猪场选址应远离交通主干道，如高速公路、铁路、国道等。这是因为病原的远距离传播主要借助于机械载体，交通主干道上行驶着大量跨区域长途运输的车辆，其在经过疫区时可能机械性携带病原，并在随后的沿途传播病原。事实证明，车辆是威胁猪场生物安全最重要的因素。

猪场应选择建设在地势高的位置，便于通风和排水，山和树也有助于过滤空气中的粉尘和病原（图 8－1 和彩图 33）。地势低洼意味着空气流动不畅，更容易发生病原和雨水聚集，夏季通风不良，冬季阴冷潮湿，更利于病原微生物的繁殖。平原地势开阔，病原发生远距离空气传播的可能性更高。

图 8－1 广西扬翔股份有限公司天梯山公猪站选址

2. 公猪站外围生物安全设施 外部生物安全即将危险阻挡于猪场以外，需要考虑病原入侵猪场的所有可能性，并在猪场外围设置专门的阻断措施。相应的基本配套设施，应该包括对车辆洗消、人员隔离、食材处理、进场物资消毒及检测实验室等（图 8－2）。

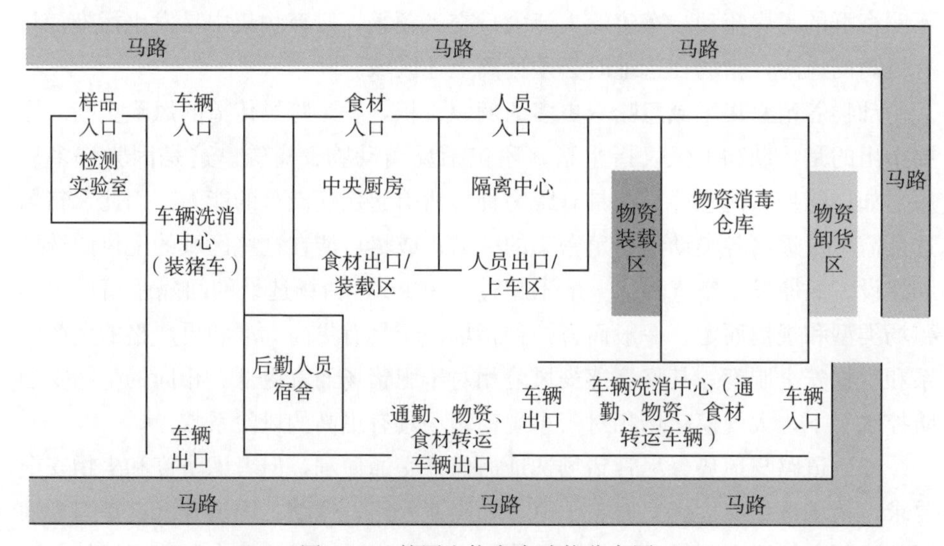

图 8－2 外围生物安全功能分布图

（1）车辆洗消点（中心）　公猪站正常运行所需要的公猪、人员、物资以及产生的产品（猪精）、废弃物等，均需要车辆运送。设置车辆冲洗消毒点的目的就是在车辆达到猪场外围之前，对车辆进行彻底的冲洗和消毒，大大降低和严格控制病原通过车辆进入猪场的风险。

在平衡效益与风险的基础上，至少设置两级车辆洗消措施，即车辆在一级洗消点进行彻底清洗、消毒、烘干，到达猪场门口时在该猪场专用的二级洗消点进行二次清洗烘干。虽然在规模和设备上会有所差异，但均需配置合格的清洗设备、烘干设备，在整个建设上都要满足"单向流动不可逆""严格切断"等基本生物安全原则。一级洗消点（建议设置在外围 3～5km）重点是将车辆本身带病菌彻底进行清除，需要执行严格的车辆洗消及质量控制管理；二级洗消点（靠近猪场，建议设置在到猪场的单独可控道路上）重点是控制车辆从洗消点至猪场路段的潜在风险，另外通过两次洗消，更进一步降低车辆带病风险（图 8-3）。

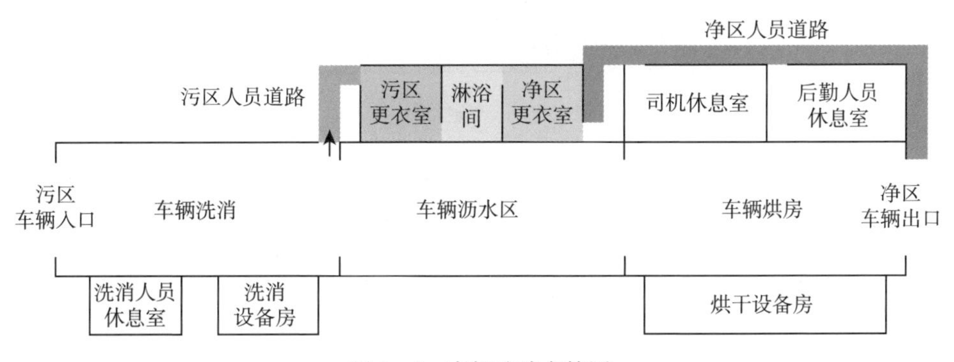

图 8-3　车辆洗消点简图

车辆两次洗消均要重点关注轮胎的消毒，可设置车辆消毒池，池内消毒水深度以没过轮胎外胎为宜，长度需大于轮胎周长。为防止雨水天气影响消毒效果，车辆消毒池应搭棚。车辆冲洗消毒点需配置高压冲洗机。车辆抵达后，用清水冲掉表面泥土后，加泡沫剂冲洗干净，再使用消毒药水进行车体消毒。为方便冲洗车辆顶部，洗消点需要设置 1.5～1.8m 高天梯（图 8-4 和彩图 34）。完成清洗消毒后，车辆静置 8～10min，沥干水分（图 8-5 和彩图 35）。

车辆烘房一般设置在车辆洗消静置后，主要针对车辆难以清洗或消毒的区域，做到车辆更加彻底的消毒（图 8-6 和彩图 36）。二级洗消点的车辆烘干一般设置在场外相对可控的干净区域，该区域一般无外围人员靠近，如淘汰猪出猪台/进猪台。人员靠近，需要穿防护服或洗澡进入。

图 8-4 半封闭式车辆清洗房（左）、开放式车辆清洗区（右）

图 8-5 车辆沥水区

图 8-6 车辆烘房

（2）人员隔离中心 公猪站存在人员休假返场和外部人员来访等情况。人员进场即存在带入病原的风险。在传统的生物安全框架下，人员通常可自行抵达猪场门口。然后经过简单的喷雾、洗澡消毒后即可进入生活区与场内人员接触，这无疑存在巨大的生物安全风险。因此，高标准的生物安全框架下，必须设置人员隔离中心，从而保证人员抵达猪场门口之前，对人员及其携带的物资进行第一轮消毒，并确保有足够时间清除人员体表和体内可能携带的病原。

①人员隔离中心位置布局。人员隔离中心需建设在远离猪场并远离人员流

动密集的区域。因为涉及征地及提升管理效率考虑，国内很多专业养猪公司同时将一级洗消点和人员隔离中心设置在同一区域。但在功能上完全进行拆分。

②人员隔离中心的内部设置。在人员隔离中心的内部，按照单向流动的原则，配置人员消毒通道、随身物品消毒柜和前置物品储物间（图8-7）。人员消毒通道依次划分脱衣间-洗澡间-更衣间，三者之间由门槛隔开，做到相对隔断的同时，提醒员工执行相关消毒操作；同时做好三色区域划分（图8-8和彩图37）。脱衣间内（或外侧）设置衣物储存间，外穿衣物放置于此。洗澡间地面应稍低，便于排水，并防止污水流入更衣间。更衣间内放置好消毒后的干净隔离衣服和鞋子。更衣间与隔离区连通。随身物品消毒柜可做臭氧或紫外消毒，设置为对向双开门，一侧朝向场外，一侧朝向隔离区，保证物品的单向流动。非必要携带进场物品，统一装好做好标记，放置于前置物品储物间，禁止携带进场。

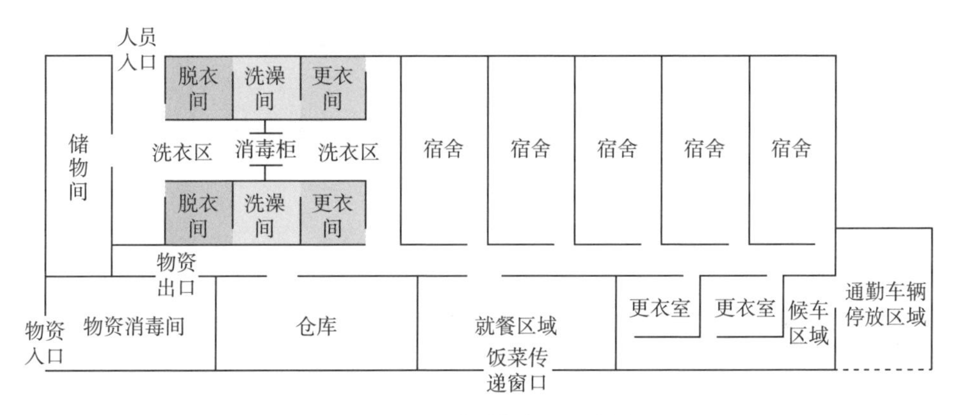

图8-7　人员隔离中心示意图

根据公猪站规模大小，配套隔离区域灵活设置隔离区域大小。但至少保证不同时间进入的隔离人员，达到分开居住要求。完成隔离的人员，由洁净的专用通勤车送往公猪站。隔离中心隔离人员就餐一般由隔离中心配套厨房供应，通过单向传递窗将做好食材传递至隔离区域人员。

图8-8　三段式洗澡间
（分色管理，红：污染区；黄：半污染区；绿：洁净区）

（3）中央厨房（食材处理中心）　公猪站每天食材进入场内非常大。即便禁止场外购置猪肉及其他偶蹄动物的肉类及相关制品，但鉴于菜市场采购的食材和其他冷链保存的水产（禽肉）品，仍然存在病原带入的极大风险。因此，要对食材进行充分的消毒和处理才能进入猪场。猪场外的中央厨房就承担起对食材进行处理的功能。

①中央厨房位置布局。中央厨房应当设置在靠近人员隔离区域。同时满足进场食材的前置消毒处理和隔离人员就餐需求。在场地区域充分足够情况下，同时可以将车辆洗消点、人员隔离中心、物资消毒站及兽医检测中心统一设置在一个区域。

②中央厨房内部布局。中央厨房需要设置两条并行的消毒方式：干货消毒与一般新鲜食材（蔬菜、肉类等）。干货类：前置暂存间-臭氧熏蒸间-暂存间；新鲜食材类：浸泡消毒间-食材初加工（蔬菜瓜果不需要）-打包间（图 8-9）。

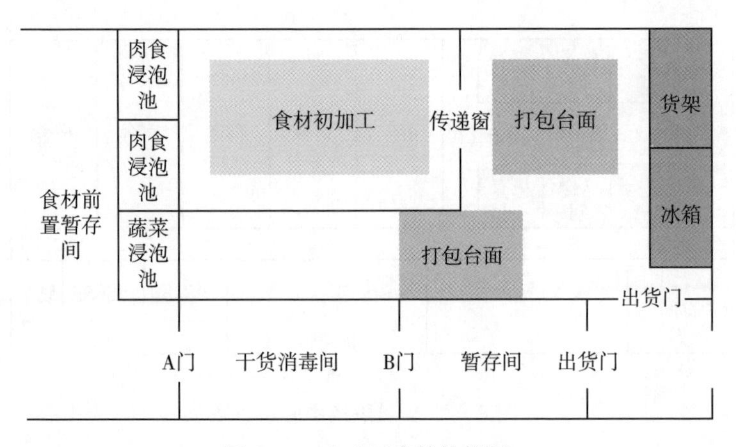

图 8-9 中央厨房结构简图

干货类依照消毒间臭氧熏蒸（20g/m^3）进行 24h 以上消毒，只需设置单向流动的物质消毒间，消毒间前后设置 AB 门即可（一侧进待消毒物资，一侧出完成消毒的物资，且两扇门不能同时打开）。

中央厨房对新鲜的食材处理会比较复杂。需要设置前置食材消毒浸泡池，其中消毒水一般使用漂白粉等对人体安全的消毒药；漂白粉因为生产厂家及保存条件差异，会导致漂白粉品质差异极大，配置比例需要进行定期评估以确定最适合比例。针对不同类型的新鲜食材，如肉类与蔬菜，还需要再单独设置区分浸泡池消毒（图 8-10 和彩图 38）。蔬菜在经过浸泡消毒后，可以直接转至打包间进行打包；肉类食材则需要经过初步加工（熟化）后才能转至打包间打包。最后一起打包转至猪场大门口。

（4）物资消毒站　公猪站的正常运营需要外购大量的物资进场。物资消毒站用于各种物资在靠近猪场前的消毒处理，可设置在人员隔离中心周围，便于管理和配送。

图 8-10　食材类浸泡池

不同种类的物资对消毒的要求不同，因而物资消毒站需要具备多种不同的消毒功能，常用的包括喷雾消毒、熏蒸消毒、浸泡消毒、烘干消毒。无论何种消毒方式，均在密闭的单独房间内进行。消毒间同样需设置对向双开门，一侧进待消毒物资，一侧出完成消毒的物资，且两扇门不能同时打开。物资消毒间两侧可设置仓库，各自存放物资，保证消毒间内物资的分批次全进全出彻底消毒。消毒后的物资，使用专用的物资配送车运送至公猪站。

不同功能的消毒间须配备相应的消毒设施。喷雾消毒间需安装喷雾头和消毒水线，消毒药水的配置和添加装置应安装在消毒间外，方便操作，也减少交叉。熏蒸消毒间需配备电磁炉等加热仪器和容器（图 8-11 和彩图 39）。浸泡消毒间需横向设置消毒池，消毒的同时也可进行物理隔断，要规划好排水管道。由于烘干消毒要安装加热设备，一般在墙外配备暖风炉，通过管道将热风输送进消毒间，消毒间内可安装风扇使暖风在室内分布均匀（图 8-12 和彩图 40）。除浸泡池外，其他类型的消毒间需配置镂空置物架，避免物资堆砌，影响消毒效果。

图 8-11　物资消毒间及臭氧熏蒸消毒间内镂空货架

与人员隔离中心一样，物资消毒站也需要划分净区、缓冲区和污区管理，包括工作人员的区分、装卸车辆的区分等，严格防交叉。

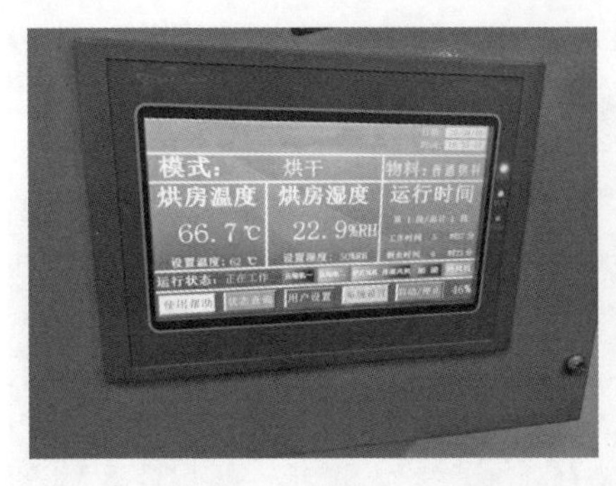

图 8-12 物资消毒间（烘干）温控设备

（5）猪群中转站 传统模式下，猪场外售猪时，外来购猪车辆直接行驶至猪场装猪台装卸淘汰猪。外来购猪车辆多是运输病残淘汰猪，且出入屠宰场、牲畜交易市场等危险场所，是对猪场威胁最大的风险因素。

猪群中转站位于车辆一级洗消点与猪场之间，类似于装卸码头，包含两个反向的装猪台和一个转猪平台。一个装猪台朝外供外来购猪车辆使用，另一个朝内供猪场转猪车辆使用。当需要销售淘汰猪时，由猪场内部转猪车辆将淘汰猪运至中转站，通过内侧装猪台将猪赶下车至转猪平台，随后消毒离开。外来购猪车则停靠至外侧装猪台，由中转站员工装猪上车。由此，购猪车不靠近猪场区域，与场内中转车辆也不发生接触，阻断了销售过程中的交叉。猪群中转站也需分区管理。内装猪台属于净区，转猪平台属于缓冲区，外装猪台属于污区。赶猪的人员需要严格区分并防止交叉。

（6）兽医检测实验室 专职给公猪站提供检测服务的检测实验室可以一同设置在车辆洗消区域。主要提供猪群健康监测、车辆物资检测及环境监测等。针对检测病原不同，可以设置相应生物安全。目前针对养殖场实验室建设，一般达到生物安全等级二级（BSL-2）即可。具体依据《病原微生物实验室生物安全管理条例》（2018 修订版）执行。

3. 猪场内部布局 按照生物安全级别由低到高，可将猪场围墙内的区域整体上依次划分为隔离区、厨房区、生活区、生产区及环保区（图 8-13）。其中，生活区位于生产区主风向的上风向，环保区位于下风向。各区之间需做到完整的物理隔断，仅通过消毒通道相连。

（1）隔离区 猪场隔离区是对待进场人员进行二次消毒隔离的区域。猪场隔离区连接场外与生活区，在布局和配置上与人员隔离中心类似，包括人员消毒通道（随身物品消毒柜）、隔离宿舍、洗衣间。

①消毒通道。隔离区应设置两个消毒通道，均包含人员消毒通道和随身物

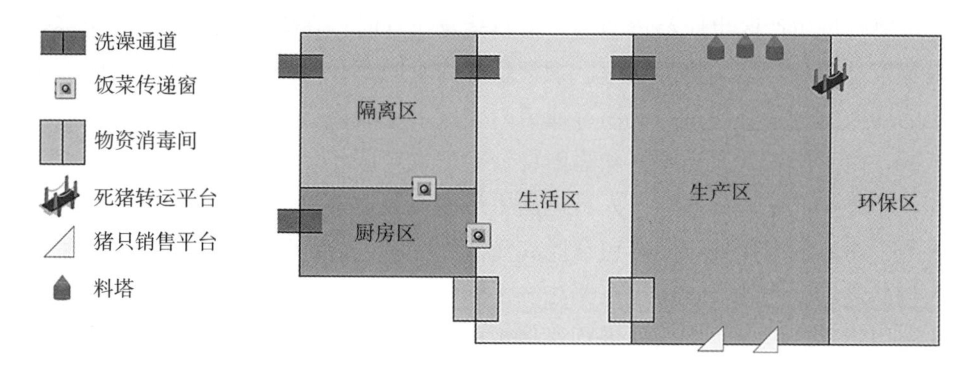

图 8-13　公猪站生产区基本功能区

品消毒柜。一个位于猪场门口用于对外来进入隔离区的人员和物品进行消毒，其入口设置在猪场外围墙，出口连通隔离区。另一个消毒通道用于隔离人员完成隔离后出隔离区进入生活区前的消毒。人员消毒通道同样包含脱衣间-洗澡间-更衣间，更衣间与隔离区连通。随身物品消毒柜同样设置为对向双开门，保证单向流动，杜绝交叉。

②隔离宿舍及洗衣间。外来人员经过人员消毒通道后，进入隔离区开始隔离。隔离区需独立于生活区，隔离人员严格限定在隔离区内活动，不得与生活区或厨房区接触，因此在传递食材时，需要通过传递柜进行。同时隔离房间要考虑连续人员回场，隔离房间应根据场内人员数量，设置多间人员隔离房间，每次隔离完进行彻底打扫消毒，并将床单被套拿至洗衣间（配置洗烘一体洗衣机）清洗干净后，放置至指定储物柜，方便后续隔离人员使用。

（2）厨房区　厨房区域作为日常物资进出最频繁的区域，且接触食材风险等级较高，如蔬菜类，要满足食材新鲜与消毒之间平衡，在未经加热炒熟之前风险等级依然较高。因此，在厨房区设置上，与生活区和隔离区进行隔断，仅保留饭菜传递窗口。厨师在该区域休息；条件允许的情况下，需要在厨师工作与生活区域之间增加洗澡间，其设置同样按照脱衣间-洗澡间-更衣间进行设置，做到人员上下班的切断管理。

（3）生活区　生活区为场内员工生活的区域，除包含有员工宿舍、办公室、厨房、食堂、门卫值班室等功能区域外，还应设置物资和人员消毒通道。

①物资消毒间。物资消毒通道与隔离区并列设置，用于对进场物资进行第二次消毒。根据不同物资的消毒要求，需匹配浸泡消毒间、烘干消毒间和熏蒸消毒间。物资消毒间也遵循对向双开门的原则。内侧门与生活区连通。完成消毒后的物资，由生活区内人员打开内侧门取出。

物资进生产区也应经过消毒。可在猪场设计时，在生产区与生活区交接处设置带有消毒功能的物资仓库。物资仓库为对向双开门，一侧连通生活区，由生活区人员将猪场门口物资消毒通道内完成消毒的物资搬进仓库，一侧连通生产区，由生产区人员进入将仓库内物资搬进生产区。

②进生产区消毒通道。人员进出生产区需经过该消毒通道，其设置在生产区与生活区的交接处，同样包含脱衣-洗澡-更衣三个环节。不允许携带任何个人物品进场。此外，还应重点关注洗手和脚踏消毒。

（4）生产区　生产区即进行养猪生产的区域。生产区应划分为不同的区域进行网格化管理，并划分净区、污区。

①公猪舍。总体来说，公猪站的各栋公猪舍应规则排列，便于道路规划与生产管理。对各栋猪舍而言，需要在水帘侧与风机侧各开一扇门，划分成净道和污道，并规定人员、物资和猪的流动方式。其中，人员由水帘侧门进入舍内工作，因而有走廊连接水帘侧门与进生产区消毒通道，此走廊即为净道，除人员外，经消毒后的物资药品也经由此进入猪舍。此外，需要引入新的健康公猪时，也由净道进入猪舍。病死猪、猪粪等废弃物由风机端的门出猪舍，要有走廊连接风机端门与环保区或出猪台，此走廊即为污道。

每栋猪舍的门口均需要设置脚踏盆和洗手盆，人员进出需对脚底和双手进行清洗消毒。疫情风险高时，还需要在每栋设置专用的水鞋和防护服，做到进出换鞋更衣。每栋猪舍还需设置专用的物资间，用于存放兽药、注射器等物品，做到物品各栋专用，减少串栋交叉。可以在每栋公猪舍内选择一个栏作为专门的采精栏。采精栏一般在靠近水帘侧，尽可能靠近实验室。为减少公猪的损伤，可以配置运送公猪的笼车，将公猪运送至采精栏；也可以在公猪栏内设置采精区，配备可移动的假母台，到每个公猪栏内进行采精操作。采集的精液随后经净道传递进入人工授精实验室。

②后备隔离舍。公猪站需配置独立的后备隔离舍，待引种时隔离用。隔离舍需与主体猪舍严格隔断，且保持1km以上的距离以降低病原随空气传播的风险。后备隔离舍在规模设计时需考虑公猪站的规模、引种计划和隔离时间等，保证每次引种的后备能集中放置和隔离，实现全进全出。

③人工授精实验室。人工授精实验室用于采精所需物资的储存、准备、消毒，以及采集后的精液进行容器消毒、精液检查和分装、贮存等操作。人工授精实验室应靠近采精区，便于传送物资，还应有开口连接净道或生活区，便于精液外运。实验室是清洁区，其应包含连通采精区的通道区和实验区。通道区内对采精容器进行消毒，通过窗户与采精区连通。实验室接收精液，并进行后

续的检测、稀释、分装、贮存等操作。具体参见第六章人工授精站种公猪精液生产。

④其他附属设施。

料塔：安装自动饲喂料线的猪场，料塔设置在生产区内的外围墙内侧，料车在围墙外通过料臂将饲料输入料塔内。料塔顶盖开关由生产区内人员操作。需要注意料塔应防雨水和防鼠。

装猪台：公猪站应设置两个独立的装猪台。一个装猪台用于后备引种，与净道相连。一个装猪台用于病死猪淘汰，与污道相连。

（5）办公区　生产区的办公区主要包括仓库、办公室、兽医室，应设置在靠近进生产区消毒通道处。办公区工作人员在此区域活动，不与生产区发生交叉。生产区员工上班，先经过办公区域，领用当天所需物资进入猪舍工作。

（6）环保区　环保区一般设置在生产区的下风向，且地势较生产区低，并保持一定的距离的地方。环保区是收集生产区所产生的粪水、病死猪等废弃物，聚集大量的污染物和病原微生物的区域，从生物安全的角度来说，这是公猪站中最危险的区域。因此，环保区内的污染物绝对不能进入生产区；未经处理也不能外流。需设置单独的道路连接环保区，以便于处理后的废弃物外运时，不与场区道路发生交叉。

（三）公猪站生物安全控制关键点

公猪是决定养猪生产效率的核心因素，俗话说“母猪好，好一窝；公猪好，好一坡”，因而公猪站的生物安全需要极其严格的标准。如前所述，生物安全可分为外部生物安全和内部生物安全。在公猪站的生物安全防控操作中，需将任何可疑的因素假定为带病原进行消毒处理。

1. 公猪站外部生物安全关键控制点　主要是人员、车辆、物资和猪群转动。

（1）人员控制关键点　公猪站杜绝参观，仅允许生产人员和维修人员等进场，且需控制进场频次。由于人员所穿着的鞋、服以及人员体表都可能成为病原传播扩散的载体，因此人员需首先在人员隔离中心完成第一次消毒隔离。抵达隔离中心后，需换下所穿的鞋子和衣服。所携带的需随身进场的物品，需取出进行消毒，可使用喷洒消毒药，并放入紫外线/臭氧消毒柜中1～2h。人员在洗澡间彻底洗净身体后，进入更衣间。更衣间内放置消毒后的毛巾、隔离服、鞋。隔离人员穿着完毕后，出更衣间，进入隔离区。使用后的毛巾放入回收桶，不带入隔离区。随身物品经消毒后，由隔离人员从隔离区一侧打开消毒柜门取出。

隔离期间隔离人员的活动区域限于隔离区内，食物专门配送，由传递窗传入。隔离期满，隔离人员进入出隔离区消毒通道，洗澡并更换中转鞋服，随身物品经过消毒后，由通勤车运送至猪场。

抵达猪场后，人员进入猪场门口消毒通道，同样经过脱中转鞋服、洗澡、穿隔离区鞋服后，进入猪场隔离区进行第二次隔离消毒。中转鞋服寄存，待出场时穿走。随身物品经消毒后，从隔离区一侧取出。完成隔离后，人员和随身物品经过出隔离区的消毒通道，进入生活区。

(2) 车辆控制关键点 仅允许拉猪车辆、料车、物资配送车辆、通勤车靠近公猪站，禁止员工自有车辆驶近猪场区域。

①车辆洗消。车辆需经过各级冲洗消毒点进行彻底冲洗消毒。车辆驶入车辆消毒池。按从前至后从上至下的顺序，首先用清水冲洗，去除泥污。静置沥干 8～10min 后，对车体和轮胎喷洒泡沫消毒剂进行消毒，再用清水冲洗干净并沥干，然后驶出冲洗消毒点。

高压冲洗机的压力建议大于 200MPa，但发泡枪的压力需小于 100Mpa。泡沫剂应选择正规厂家的产品，并评估药剂的安全性、洁净能力、环保要求等。消毒药尽量避免使用强酸、强碱消毒剂，而要选择中性（或弱酸/弱碱）的消毒药，如过硫酸氢钾、戊二醛等。因国内消毒药厂家原料比例及原材料差异，建议通过实验评估来确定最适合消毒浓度。一般而言，就国内正规厂家供应的过硫酸氢钾、戊二醛，浓度为 1∶(200～400) 时即可达到预期消毒效果。为达到较好消毒效果，车辆消毒完后应静置 8～10min。北方区域在冬季气温比较低，要避免消毒药在喷洒后结冰，可以设置封闭式的洗消间或在消毒水中增加抗冻剂。

车辆烘干在不同区域、季节及烘房的密封性差异都会使烘房工作时间产生差异。一般通过烘房内温控探头显示达到 60～65℃，烘干 60min 能达到较好效果。另外，需要注意车辆内积水程度会影响到车厢内的消毒效果，需要在烘房内设置斜坡，加快车辆沥水。另外，一些国内外专业做车辆烘干设备厂家，同时会增加烘房内的湿度监控，通过电控在湿度达到一定值后，增加换气系统降低烘房内空气湿度，加快车辆水分蒸发，以达到最好的消毒效果。

②车辆活动区域。外来车辆均只能停靠在中转站。需外售猪由饲养员从场内赶上场内的中转车转运至中转站，再由中转站人员上中转车，将外售猪经出猪台赶上拉猪车。转猪结束后，外来的拉猪车驶离后，要立即对场地和中转车进行彻底冲洗消毒。外来运送猪精的车辆也在中转站，由场内专用的猪精转运

车转运至中转站，由中转站人员搬运上运送猪精的车辆。操作过程配套一次性手套，并避免猪精配送箱与其他物体的接触。操作完成后，对场地和场内转运车进行彻底冲洗消毒。

料车行驶至猪场围墙外的卸料区域，将饲料通过料臂输入场内料塔，操作过程中禁止司机接触饲料。

通勤车和物资配送车行驶至猪场门口消毒通道进行装卸。人员自行进入消毒通道。猪场门卫穿防护服、配套一次性手套上车搬卸物资。装卸完成后驶离，由门卫对装卸区域进行彻底消毒。

(3) 进场物资控制关键点　物资需先经过物资消毒站进行消毒后，才允许靠近猪场。根据物资的材质和类型，需匹配不同的消毒方式。

一般而言，所有的物资都可进行喷雾消毒，可以使用诸如 1∶1 000 过氧乙酸、1∶400 聚维酮碘、1∶200 卫可等常用消毒剂进行表面喷淋。喷雾消毒的缺点是死角多，消毒面有限。

对金属制品、塑料橡胶制品、木制品、衣物等，可以采用烘干消毒，即将局部密闭环境升温至 55～60℃并维持 45～60min 的时间可以获得很好的消毒效果。

对包装完好的兽药、日化用品、办公用品、电子产品等，推荐使用熏蒸消毒。熏蒸消毒是通过臭氧发生器产生臭氧，或加热消毒药使其蒸发，相对于喷雾消毒其同样具有更强的渗透性和消毒范围。常用于熏蒸消毒的包括过氧乙酸、高锰酸钾、戊二醛等易于挥发的消毒药，具有刺鼻气味。

浸泡消毒是将物品浸泡于配制好的食用级漂白粉或柠檬酸等更安全无害的消毒剂，对食材进行消毒。

(4) 转猪控制关键点　公猪站的转猪操作涉及后备引种和淘汰销售。

①后备引种控制关键点。公猪正常的年更新率在 50%以上，需要引入和补充大量的后备公猪引种意味着引入新的个体混群饲养，一方面存在引入病原的风险，另一方面会影响群体免疫力。因此，人工授精站应提前做好引种计划，降低引种频次，以每年 2～3 次引种为宜。

引种的生物安全控制主要受后备猪和运输两个方面的因素影响。后备猪必须从健康群体中选择，不要同时从多个群体引种。拟引进的后备猪必须 100%采集血液样品，在实验室进行抗原抗体检测，来判断猪群的健康度和免疫力。要求非洲猪瘟抗原和抗体全阴性；猪蓝耳病病原阴性，抗体值呈现正态分布；猪流行性腹泻病原阳性；猪瘟抗原阴性，抗体阳性率 100%；猪伪狂犬病抗原阴性，gE 抗体阴性。符合上述要求的后备猪才能引入人工授精站。

后备猪需专用的后备运输车辆进行转运，最好采用全封闭空气过滤车。车辆在装猪前需进行彻底消毒并高温烘干。具体方法参考本节前面内容，不赘述。后备猪的装卸需防止与外界的交叉。后备猪车辆经过车辆洗消点后，直接到进猪装猪台卸车。须由生产区的人员进行后备猪的装卸，其他人员禁止接触猪。

新引入的后备猪，其健康度和免疫力均与场内已有的猪群存在差异，需先在隔离舍单独饲养，需严格做到员工和器具物品的区分，来完成后备猪的隔离驯化。隔离期一般为45～60d。在此期间，后备猪适应场内环境和病原，并逐渐形成与场内其他猪群相近的免疫力。免疫驯化主要针对猪瘟、伪狂犬病、细小病毒病等常见的繁殖障碍病注射疫苗并对后备猪进行驱虫处理。

②淘汰销售猪控制关键点。需淘汰和外销的猪群，需使用猪场专用的中转车辆从猪舍转出至中转站。外来购猪车辆和场内中转车辆均不允许越过中转站，并杜绝赶猪员工的交叉。司机不允许参与赶猪操作。可由场内生产人员随场内中转车到中转站，并将猪群赶出至转猪台，不得进入装猪台。再有中转站员工上转猪台，将猪赶上购猪车。中转结束后，由中转站员工对场地进行消毒。

2. 公猪站内部生物安全关键控制点 内部生物安全的关键点在于防止交叉。

（1）人的流动 人工授精站内员工需有严格详细的工作分工和岗位分配，各司其职，并严格划定各自的工作活动区域和工作流程。

如前所述，人工授精站划分四种不同生物安全级别的区域，按级别由高到低依次为生产区、生活区、隔离区、外围和环保区。员工也相应进行分区管理。员工由低级别区域流向高级别区域时，必须完成规定的消毒操作。禁止外围和环保区员工进入场区。

在人工授精站内各区必须更衣换鞋并佩戴手套，从而有效降低人员流动带来的生物安全风险。需要对每个区配置专用的工作服和工作鞋，且标记明显，易于区分。员工在发生跨区域活动时，需要更换相应的工作服和工作鞋，一方面便于生物安全监管，另一方面也有助于引导员工注意防交叉和消毒意识。对于生产区内的员工需要专栋专人饲养，防止人员交叉。饲养员兼职采精员及兽医最可能在各栋猪舍串栋，是需要重点关注的人群。

猪场内部生物安全可以用颜色标记区分。如在消毒通道内，存在脱衣、洗澡和穿衣三个环节。脱衣区域即认为是脏区，洗澡为缓冲区，穿衣为净区。可将三个区域的地面铺设不同颜色的地垫进行区分，脏区为红色，缓冲区为黄色，净区为绿色，并在不同的区域之间做40cm左右高度的门槛，可以有效提醒人员按规定执行相关消毒操作。

（2）猪的流动　公猪站内应尽量减少转猪操作，仅在引种和淘汰时发生猪群流动。公猪应按年龄分栋饲养，并以栋舍为单位，根据计划好的更新率，在较短的时间内做到全进全出。栋舍清空后，参考车辆的冲洗消毒对栋舍进行彻底消毒。公猪舍的消毒可以采用熏蒸消毒、烘干消毒等方式，并预留7d以上的空栏时间。

引种时，后备公猪由进猪装猪台进入后备隔离舍内。在完成隔离期后，从净道转入清空并完成消毒的干净栏舍。需要淘汰时，淘汰猪从污道一侧的门出猪舍，并随后由出猪装猪台上中转车辆至中转站运走。转猪过程需杜绝其他栋舍的人员进入转猪路径。转猪操作完成后，均需对场地进行彻底消毒之后，其他栋舍人员才可正常出入。

（3）物资的流动　物资与人员一样存在频繁的流动。管控物资流动的方式主要包括仓储管理和物资消毒。

仓储管理指在每个小单元设置专用仓库，将单元内领用的物资集中放置，这样可以避免与其他单元之间的物资交叉，也可以有效降低人员领用和还纳物资的次数，减少人流的交叉。如对雨鞋等工具器械可以做特定的标记，用于与其他单元进行区分。当单元内出现不同标记的物品时，即说明发生了交叉。

物资消毒也是有效的切断手段。物资仓库可配置简易消毒设施，如喷淋壶或臭氧发生器、紫外灯等。在生产区内，对于生产用的工具如雨鞋、粪铲、假母台等，需要在使用后及时清洗消毒。某些使用频次较低的工具，做不到单栋配备的，在进出栋舍之前都需要进行消毒，可采用喷雾或浸泡消毒。

3. 实验室检测　是针对所有进场/靠近猪场的车辆、人员、食材、物资等进行评估。人员采集手、脸颊、头发及鞋底进行评估。其他一般使用纱布进行大面积的随机采样。重点检测当前主要流行的疾病病原，跟进清洗消毒或人员隔离，防止病原带入风险。针对阳性车辆，洗消前后进行采样以评估洗消效果。

二、公猪重要疫病防控与净化

公猪精液的质量决定了整个养猪生产的效率。大多数病毒性病原均可穿透血睾屏障进入睾丸内，经分泌进入精液中，导致精液带毒，威胁整个种猪群的健康。由于睾丸内部没有任何免疫细胞，入侵的病毒可以长期存在。因此，对于公猪疾病防控而言，必须保持所有病毒性病原阴性，且无感染史。

（一）猪繁殖与呼吸综合征

猪繁殖与呼吸综合征（porcine reproductive and respiratory syndrome，PRRS）也称蓝耳病，是由猪繁殖与呼吸综合征病毒（Porcine reproductive and respiratory syndrome virus，PRRSV）引起猪的一种高度接触性传染病，各年龄段的猪均易感。公猪感染主要以呼吸道症状为主，也可引起精液带毒发生垂直传播，导致母猪的繁殖障碍疾病。

1. 病原学 PRRSV为动脉炎病毒科动脉炎病毒属成员，其基因组为单股线状正链RNA，全长15.1～15.5kb。PRRSV的基因组具有高度变异性，是变异速度最快的RNA病毒。

根据最初流行的区域，将PRRSV分为北美型和欧洲型两个基因型，也分别称为基因2型和基因1型。我国流行毒株以基因2型为主，从北美大量引种是引入病毒的主要原因。我国最早于1995年即监测到PRRS的流行，呈地区散发性流行，以母猪繁殖障碍表现为主。2006年我国出现高致病性PRRSV（highly pathogenic PRRSV，HP-PRRSV）的流行，引起各阶段猪群的高热、高发病率和高死亡率，母猪表现严重的流产风暴。HP-PRRSV很快成为国内的优势流行毒株，其较之前流行的毒株致病力显著增强，因而将之前的毒株统称为经典毒株。2013年开始，国内监测到一类新PRRSV毒株的流行，进化分析证实其源自北美毒株NADC30，因而统称为NADC30-LIKE毒株，其致病力与经典毒株接近，引起猪群的一过性发热和种猪群的繁殖障碍。NADC30-LIKE毒株的显著特征是具有更高的变异速度和重组效率，使临床出现的新毒株迅速增加，加大了防控的难度。2016年开始，NADC30-LIKE毒株流行率超过HP-PRRSV，成为优势流行毒株。

2. 临床症状

（1）急性表现 主要见于HP-PRRSV感染，以严重的呼吸道症状为主，可在2～3d波及全群，引起成年公猪10%～40%的死亡率。病猪出现高热稽留，沉郁离群，伴随明显的喘气和腹式呼吸，皮肤因缺氧出现发绀，以耳尖、腹部、臀部较明显。

公猪感染可导致精液带毒，引起母猪感染，除了类似的呼吸道临床症状外，还导致妊娠后期的流产风暴，流产比例可达30%～50%，流产胎儿大小一致。

（2）慢性表现 见于经典毒株等较低毒力毒株的感染，临床症状轻微，以一过性低热（39～40.5℃）为主，引起采食量的短暂下降，常不易察觉。毒株在猪群内缓慢传播，或呈跳跃式传播，使猪群表现反复发热或者不断有新的发热个体出现，并伴随一定程度的咳嗽、喘气等呼吸道症状。

病毒同样可以进入精液引起母猪感染。母猪发热常不易被发现，以繁殖障碍表现更明显，包括妊娠后期流产，以及产木乃伊胎、死胎比例偏高，总产仔数降低，弱仔比例升高等。

3. 防控措施　种用公猪必须保证 PRRSV 阴性，以提供抗原阴性的猪精，保证种母猪的优良繁殖性能。

（1）生物安全　生物安全措施是维持公猪群 PRRSV 阴性的关键措施。如前所述，公猪站应以猪为核心，建立多层保护圈，对可能接触到猪的人、物等进行逐级消毒，不断降低其带毒的概率。空气过滤系统也被证实可以有效降低 PRRSV 经过空气传播的风险，并显著延长 PRRSV 阴性群维持的时间。

（2）引种控制　后备公猪需来自 PRRSV 阴性场，并通过采样监测确定为阴性个体。引种后备猪应在专用的隔离舍进行隔离饲养，完成疫苗驯化，以使后备群体具有整齐的良好抗体水平。若使用弱毒疫苗需监测疫苗毒的病毒血症，保证后备公猪在隔离期清除完体内的疫苗毒，此时隔离期应在 60d 以上。完成驯化并检测合格以后，可以将后备公猪转入公猪站混群饲养。

（3）疾病监测　疾病监测是维持公猪群 PRRSV 阴性的重要手段。监测包括日常健康监测和定期实验室监测。日常健康监测主要是公猪站员工在常规的饲养管理过程中对公猪的观察与监测，监测指标包括但不限于体温、采食量、精神状况、行动姿态等，若出现异常时需及时反馈，并进一步确认，必要时采样借助实验室手段进行确诊。此外，公猪站还应定期对猪群进行采样检测，采样比例应为 100%，样品包括血样、口腔液等，同时对抗原和抗体进行监测，以实时掌握猪群的 PRRSV 流行动态。出现阳性时，应及时精准淘汰，并对群体进行彻底采样筛查，确定感染范围，若已经扩散开，需要考虑清群重新建群。

（二）猪瘟

猪瘟（classical swine fever，CSF）是历史最悠久的一种猪的病毒性传染病。典型猪瘟可引起多系统的出血性和坏死性病理变化。随着疫苗的广泛应用，临床上猪瘟表现趋向温和，以呼吸道、肠道的疾病和母猪繁殖障碍表现为主，称为非典型猪瘟。

1. 病原学　猪瘟病毒（Classical swine fever virus，CSFV）是黄病毒科

瘟病毒属的成员，基因组为单股正链 RNA，大小约 12.3kb。

CSFV 的基因组较保守，变异度不高，仅存在一个血清型。我国最早在 20 世纪早期即出现了关于 CSF 流行的报道，于 1945 年成功分离到强毒株石门株，经过连续兔体传代致弱获得中华 C 株，研制成功了 CSF 兔化弱毒疫苗，其具有良好的免疫原性和安全性，且不会发生垂直传播，广泛应用于全球猪瘟的防控和净化。

2. 临床症状 公猪感染猪瘟的症状表现分为急性和慢性。

（1）急性表现 CSFV 引起的急性表现已较少见，可导致急性死亡。病猪表现为高热稽留，体表皮肤发红，可观察到出血斑点，以耳部、腹部、四肢内侧常见。病猪可发生严重的呼吸困难，表现连续重咳、喘气等，可因缺氧加剧皮肤发绀。

（2）慢性表现 CSF 的慢性表现也称非典型猪瘟或温和猪瘟，其潜伏期可长达 1～2 个月。病猪多呈渐进性消瘦，伴随呼吸道和消化道症状，如低烧、反复咳嗽、喘气、顽固性腹泻等，腹泻粪便多呈糊状，可观察到脱落的肠黏膜等絮状物。

CSFV 可以穿过血睾屏障进入精液，进而感染母猪。母猪感染 CSFV 除了上述临床症状外，还会引起胎儿感染。胎儿死亡，则表现为死胎、产木乃伊胎、流产或返情等繁殖异常。胎儿存活，则成为先天性带毒仔猪，引起仔猪“抖抖病”及弱仔、畸形比例增加。出生表观正常的仔猪也会表现为免疫耐受，并持续排毒，且在应激时可能发病。

3. 防控措施 净化是 CSF 防控的终极目标，尤其对于公猪群而言，必须维持阴性群体，并降低甚至停止疫苗的使用。

（1）免疫监测 疫苗接种仍是防控猪瘟的重要手段。公猪站应通过免疫监测，了解公猪群的免疫状态，以作为制订针对性免疫程序的基础。一般按季度安排监测，对于抗体水平不达标的个体，需及时进行补充免疫，并在 3～4 周后重新采血监测，若仍不达标，则需视为发生免疫耐受或免疫抑制而剔除淘汰。

（2）疫苗免疫 商品化疫苗以中华 C 株为基础构建的全病毒弱毒疫苗为主，在长期的应用过程中，被证明是近乎完美的猪瘟疫苗。其又分为脾淋组织苗和细胞苗。脾淋组织苗使用兔体进行病毒增殖，并直接使用接种兔的脾脏和淋巴结作为病毒来源制备疫苗，特点是病毒量高，但含较多杂质，疫苗接种反应较大。细胞苗则是使用犊牛睾丸细胞进行病毒增殖，其特点是病毒纯度高，但病毒量较低。

随着基因工程技术的发展，已经有商品化的猪瘟 E2 蛋白亚单位疫苗和重组病毒灭活疫苗。E2 蛋白是猪瘟病毒最主要的免疫原性蛋白和毒力蛋白。这些基因工程疫苗除了能提供与传统疫苗相似的高水平保护力以外，还能配套鉴别诊断方法鉴别野毒感染与疫苗接种，有助于实现 CSF 的净化。E2 的基因工程疫苗接种后仅能促进猪体产生针对 E2 蛋白的抗体，若在猪的血清中监测到 CSFV 其他蛋白如 E0 蛋白的抗体，则说明该头猪已发生野毒感染。

（3）CSF 的净化 公猪群的 CSF 净化应分为免疫、检测、淘汰三个环节，最终实现非免疫无疫。免疫的目的是使猪群具有高水平的免疫保护，可在检测前间隔 3～4 周连续强化免疫 3 次。检测的目的则是筛选发生野毒感染的猪，作为淘汰的依据。免疫传统全病毒弱毒疫苗的情况下，通常通过免疫接种后对扁桃体的连续采样监测，总结出疫苗毒带毒的最长时间，从而在疫苗接种的这个时间之外再进行扁桃体采样检测，以排出疫苗毒的干扰，这种方法误差较大。若使用 E2 蛋白的基因工程疫苗，则可以采集血样检测如 E0 蛋白抗体，操作更简单，筛查也更精准。对筛查出的阳性猪进行淘汰处理。第一轮免疫、检测、淘汰完成后，间隔 1～2 个月重复一轮，若连续两轮无阳性结果检出，可视为净化成功。

生物安全和疾病监测是维持净化效果的重要手段，缺一不可。净化成功后，公猪站可以取消 CSF 疫苗免疫，仅依赖生物安全进行 CSF 防控。CSF 的监测与 PRRS 等的监测类似，除了常规的猪群表观监测外，还需定期采样进行实验室监测，包括抗原和抗体监测。

（三）猪伪狂犬病

猪伪狂犬病（pseudorabies，PR）是由猪伪狂犬病病毒（Pseudorabies virus，PRV）所引起猪的一种急性传染病，临床表现包括仔猪神经系统症状、中大猪呼吸道症状以及种猪群繁殖障碍等。

1. 病原学 PRV 为疱疹病毒科 α 疱疹病毒亚科水痘病毒属成员，是一种嗜神经性病毒，主要侵入神经元并借助其发生传播扩散。PRV 基因组为线性双链 DNA，长 137～145kb。PRV 结构复杂，含十多个表面蛋白突出于病毒表面，参与病毒对宿主细胞的识别、结合和侵染，主要的表面蛋白包括 gB、gE、gC、gD、gI 等。gE 是介导 PRV 对神经元侵袭的关键蛋白，缺失 gE 蛋白可以使 PRV 丧失入侵神经元的能力，而保持其免疫原性，因而是研制 PRV 基因缺失疫苗的首选目标蛋白，在临床检测中，gE 蛋白抗体也被称为野毒抗体，可用于疫苗接种与野毒感染的鉴别诊断。

PRV 基因组较保守，仅一个血清型。PRV 最早在 20 世纪中晚期开始在全球范围内广泛流行，随着大量毒株的分离和疫苗的研制成功，PR 从 20 世纪 90 年代开始趋于平稳。2011 年我国从华北地区监测到 PRV 变异毒株的流行，变异位点散在分布于基因组的多个基因上，引起毒力的显著增高。以经典毒株为基础的疫苗不能对变异毒株的流行产生足够的保护，这在一定程度上促进了变异毒株的迅速扩散。

2. 临床症状 PR 的临床症状可分为三类，与感染猪群类别相关。

(1) 神经系统症状 神经系统症状主要出现在较低日龄阶段的产房仔猪，日龄越小死亡率越高。变异毒株感染可引起中大猪群也出现神经症状，包括共济失调、头颈歪斜、倒地痉挛、尖叫等，还可出现面部奇痒等，病猪蹭痒造成面部溃烂。

(2) 呼吸道症状 PRV 是参与引起中大猪呼吸道综合征的主要病毒性病原。病猪表现喘气、咳嗽、腹式呼吸、张口呼吸等，伴随高热、食欲废绝。由于 PRV 主要沿神经元传播，其引起血管损伤不明显，病猪不表现出血性症状。

(3) 繁殖障碍 公猪感染 PRV 可导致睾丸炎，表现为睾丸肿大，引起精液质量下降和精液带毒。精液带毒会导致受精母猪发生感染，出现繁殖障碍表现，包括流产、产木乃伊胎、产死胎增加，出生的活仔也因神经元感染和损伤引起“抖抖病”和“八字腿”等弱仔和畸形比例增加。

3. 防控措施 作为重要的繁殖障碍疾病，公猪的伪狂犬病防控同样以病原阴性为目标。

(1) 生物安全 公猪站禁止饲养犬等其他动物。PRV 变异毒株有引起犬类发病死亡的报道。还需严格控制场内的鼠类、蚊虫等，保持场内清洁卫生。引种意味着引入新的个体，可能存在引入病原的风险，因此必须严格把关整个引种环节，包括种源的选择和采样检测，并执行严格的隔离驯化程序。

(2) 疫苗接种 疫苗接种在 PRV 的有效防控中发挥了关键作用，公猪在后备培育阶段需接种 2～3 次，且血清学监测抗体水平要达标。生产公猪群一般每年接种 2～3 次。

随着国内 PRV 流行开始以变异毒株为主流，需尽量选择以变异毒株为基础设计的疫苗。PR 具有非常成熟的基因缺失疫苗，包括活疫苗和灭活疫苗，由于缺失了 gE 等入侵神经元所必需的病毒蛋白，这些基因缺失疫苗无法建立潜伏感染，相对于全病毒弱毒疫苗具有更高的安全性。同时，以缺失的病毒蛋白为基础建立的血清学抗体检测方法，可用于PR的疫苗接种和野毒感染的鉴别，可以极大的促进PR的净化。

（3）猪伪狂犬病的净化 gE缺失的基因缺失苗，配合gE蛋白的血清学抗体检测方法，可用于猪群的PR净化。使用基因缺失疫苗进行强化免疫使猪群具有高水平的免疫抗体保护后，进行全群采血监测缺失蛋白的抗体即野毒抗体，淘汰阳性个体。

由于潜伏感染的存在，使PR的净化很难彻底实现。对于出现PR感染的群体，除了淘汰阳性个体外，还需强化对群体的血清学监测，并通过饲养管理手段维持猪群高水平的健康度。同时，还需定期抽样监测猪精中的病原存在情况。

（四）非洲猪瘟

非洲猪瘟（African swine fever，ASF）源于非洲，至今已流行近一个世纪，是猪的一种高度接触性和致死性传染病。

1. 病原学 非洲猪瘟病毒（African swine fever virus，ASFV）是非洲猪瘟病毒科的唯一成员，其病毒粒子直径可达180～200nm，是已知对猪致病性最大的病毒。其病毒结构复杂，已知其由至少200种蛋白构成，还有近半数病毒蛋白的结构和功能未知。已知的主要免疫原性蛋白包括P72、P54、P30等，被用于设计ASFV的血清学检测方法。

ASFV基因组大小170～190kb，相对保守，含至少22个基因型，仅有基因1型和2型传播至非洲以外的大陆。由于基因组庞大，占基因组很小比例的可变区长达50～60kb，相当于3～4个PRRSV的全基因组大小。这些可变区域的变异虽然不引起基因型的变化，但会产生大量毒力不同和基因组长度不一的毒株。

2. 临床症状 ASFV主要经呼吸道和伤口发生感染，并入侵血管内皮细胞，引起广泛性的血管炎症，导致病猪出现相应的临床症状。由于ASFV还靶向攻击单核-巨噬细胞系引起病猪的免疫抑制，使其具有较长的潜伏期。

（1）急性感染 潜伏期可达5～7d，可引起100%的死亡率。病猪可无征兆突然死亡，也可表现高热、皮肤出血斑点、口鼻流血等症状，病程稍长可出现腹泻带血、咳血等。剖检可见脾脏呈2～5倍肿大，且色黑质脆，肾门淋巴结肿大、淤血，呈凝血块样。

（2）慢性感染 见于毒力较低的毒株感染，或基因缺失疫苗毒引起的病例。潜伏期可达2～3周。病猪呈一过性低热，或体温正常，伴随一定程度的咳嗽、喘气等呼吸道临床症状。关节肿大导致的跛行、皮肤坏死斑块具有一定的诊断意义。虽然急性死亡病例较少，但会在后续饲养过程中产生大量的残次猪不断被淘汰和衰竭死亡。妊娠各阶段的母猪发生感染都会引起严重的繁殖障碍表现，如流产、产死胎和木乃伊胎等比例升高。

3. 防控措施 非洲猪瘟的防控依赖于生物安全措施。

应建立严格的外部生物安全体系，通过层层消毒和控制，降低病原随进场的人和物品入侵的风险。另外，应加强公猪站的内部生物安全，即猪场内部的分区管理，并在各区之间做到严格防止交叉，阻断病原在场内的扩散。消毒是生物安全措施的重要组成部分，公猪站需监测消毒措施的实际效果，通过消毒药浓度测定、消毒前后细菌计数对比等，切实评估消毒措施的效果。

疾病监测是防控非洲猪瘟的另一重要措施。由于非洲猪瘟具有较长的潜伏期，对异常猪的采样检测，可以在出现临床症状之前进行确诊，有利于疾病的早期诊断和及时处理。感染病猪的精准剔除也是以实验室监测为基础进行的，在潜伏期确诊，可以在病毒扩散之前定位感染猪，最大可能缩小感染面。

（五）猪口蹄疫

口蹄疫（foot and mouth disease，FMD）是一种急性、热性传染病，可发生于包括猪、牛、羊在内的多种偶蹄动物，以水疱性皮炎为主要症状，并使种用动物发生严重的繁殖器官实质损伤，影响繁殖性能。

1. 病原学 口蹄疫病毒（Foot and mouth disease virus，FMDV）为小RNA病毒科口蹄疫病毒属成员，其基因组小，为单股正链RNA，大小仅8.5kb。病毒结构简单，由VP1～VP4共4种蛋白质构成。VP1蛋白是FMDV的主要免疫原性蛋白，也是变异度最大的蛋白，是对FMDV进行遗传进化分析的依据。

FMDV基因组高度变异，变异不断累积并最终形成新的血清型毒株造成大流行，从而使FMD的流行具有一定的周期性。全球存在7个血清型（O、A、Asia 1、C、SAT1、SAT2、SAT3）的流行，各血清型之间缺乏有效的交叉免疫保护。我国同时存在O型、A型、Asia 1型的流行，呈现“O型持续、A型散发、Asia 1消亡”的特点。

2. 临床症状 FMDV的受体大量存在于皮肤棘皮层细胞表面，使病毒入侵后大量聚集于此，引起皮肤细胞死亡裂解。细胞裂解溢出的液体成分不能被吸收而在局部蓄积形成水疱，严重时水疱突起于皮肤表面，随后破裂形成溃疡。典型的水疱性皮肤病变集中于鼻盘、口腔黏膜、蹄部、乳房等处。蹄部病变可引起行动不便，严重时蹄匣脱落。病猪伴随高热，食欲废绝。对于种用猪群而言，FMDV 还可侵袭繁殖系统，引起繁殖器官实质性损伤，如睾丸炎症和子宫炎症，影响繁殖性能。

3. 防控措施

（1）生物安全　生物安全手段是防控口蹄疫的重要手段。公猪站选址时应远离其他动物养殖和交易场所，尤其是牛场、羊场等。此外，公猪站应禁止携带牛、羊、猪相关制品进场。

（2）疫苗接种　FMDV 属于国家强制免疫病原。商品化的 FMDV 疫苗包括灭活苗和亚单位疫苗，均能提供有效保护。但是由于口蹄疫的流行具有周期性，且主要流行血清型多变，故在选择疫苗之前，需以当前的优势流行血清型为基础。

后备公猪在培育阶段应完成免疫接种并经血清学抗体监测达标。生产公猪可每年普免 3～4 次。

第二节　公猪肢蹄病及其防控

公猪肢蹄病指各种原因导致的公猪四肢和蹄部损伤，引起公猪运动障碍，可以表现为行动困难、关节肿大、蹄部腐烂等。公猪跛行是一个主要的福利问题，也是繁殖群中被淘汰屠宰的常见原因，国外统计研究证实，因公猪跛行导致淘汰，占所有淘汰公猪的 8%～24%。国内因为不重视猪的福利及栏舍设计不合理，跛行导致的直接淘汰比例更大。公猪跛行在生理结构上涉及猪神经系统、肌肉系统、骨骼系统、关节及皮毛系统（蹄、趾）中的一个或者多个系统的损伤。其发病原因包括传染病、营养、遗传、栏舍结构、环境及猪群管理水平影响。公猪肢蹄病已经成为公猪非正常淘汰的最主要原因。

一、公猪肢蹄病的常见原因

（一）神经系统损伤

1. 传染病（病毒引起）　虽然引起神经症状的病原很多，但导致成年公猪出现神经症状比较少。一些国外的病例有证实，非洲猪瘟病毒（ASFV）、猪瘟病毒（CSFV）的早期感染，会出现发热，蹒跚、共济失调等症状。伪狂犬病病毒（PRV）、日本乙型脑炎病毒（JEV）等虽能够引起神经系统症状，但是多发于幼畜；引起成年公猪出现症状的未见报道。

2. 盐中毒（缺水、钠离子中毒） 过量摄入氯化钠（如盐水、乳清、咸鱼、饲料混合错误）或夏季缺水是导致盐中毒的危险因素。身体表现为震颤、侧卧、跑步、虚脱、昏迷，甚至死亡。发生缺水时最重要的干预措施是限制水的摄入量，让猪逐渐饮水，在几个小时内逐渐增加到随意。

3. 矿物元素缺乏与中毒 钙和磷缺乏会导致感觉异常、颤抖、抽搐或后部麻痹，这取决于缺乏量和持续时间。镁缺乏会产生过度易怒和烦躁不安。铜缺乏可导致猪昏倒、共济失调、后肢瘫痪和截瘫。当部分微量元素饲喂过量，也会导致中毒风险。如硒中毒在猪群很常见，饲料中硒元素的毒性剂量很低，通常大于10mg/kg的剂量时可能出现行动障碍，而脊髓灰质炎脑软化症提示可能硒中毒，但是要区分烟酰胺缺乏导致的类似症状。

4. 空气质量 冬季保温造成的空气中一氧化碳超标会导致中毒嗜睡、运动不协调、昏迷和缺氧死亡。二氧化碳超标会引起焦虑、紧张不安、昏迷和死亡。水泡粪工艺设计不合理导致硫化氢超标，会产生运动不协调、痉挛、昏迷和死亡等症状。

5. 创伤 在剧烈运动或不合理的管理条件下，公猪发生下位神经元损伤，会造成肌肉反射丧失和肌肉松弛性瘫痪，最终被淘汰。

（二）骨疾病

1. 代谢性骨病 常见代谢性疾病包括佝偻病、骨软骨病和骨质疏松症。佝偻病主要发生在猪的生长期（出生至8周龄）。成年公猪中常见骨软骨病和骨质疏松症，主要原因是骨形成与骨吸收不平衡，通常伴有钙的缺乏。

（1）骨质疏松症 骨质疏松症被定义为一种系统性骨骼疾病，其特征是骨量低，骨组织微结构恶化，从而导致骨脆性增加，骨折易感性增加。

在骨质疏松症中，骨头变得多孔、轻、脆弱，很容易骨折。患有骨质疏松症和病理性骨折的公猪的骨灰、骨的比重、皮质与总骨的比例显著降低。

（2）骨软骨病 骨软骨病是一种非感染性、退行性、广泛性软骨异常性疾病，通常猪的一条或多条腿同时发生渐进性、可转移性跛行。主要为关节腐生性软骨复合物的软骨发育不全，并导致随后的骨损伤。关节骨软病经常在多个关节的多部位同时发生，可进展为软骨骨折和形成关节内碎片，称为剥脱性骨软骨病（osteochondrosis dissecans，OCD）。

（3）骨骺脱离 骨骺脱离是一种OCD相关的疾病，为近端骨骺脱离。发病年龄为5月龄到3周岁，因为3～7.5岁后骨骺开始融合。由于股骨生长区的虚弱，在髋关节压力过大的情况下就会引起骨骺脱离。临床表现为突发性的跛行，少数情况下为阴性病程。

（4）双侧坐骨结节骺脱离 一种与OCD相关的疾病，为双侧坐骨结节骺在其生长过程中发生脱离，国外有报道母猪，尤其是重胎母猪发病，其症状多表现为犬坐姿势。发病原因包括地板光滑，使坐骨结节上的股二头肌肌腱过度拉伸。单侧损伤可造成一侧中度到重度跛行，双侧损伤时猪表现为不能站立或行走。

2. 骨髓炎 骨髓炎为一种骨的感染和破坏，可由需氧或厌氧菌引起。骨髓炎好发于长骨。根据位置，骨髓炎可能导致跛行或导致病理性骨折，影响长骨、骺或椎骨，随后压迫脊髓。

（三）关节炎

关节炎在猪中较常见，分为传染性和非传染性关节炎。传染性原因包括机会主义的常驻微生物菌群，引入猪体内的潜在病原体或变异菌株。地板、创伤、剪牙、断尾、阉割、接产、管理和营养等作为风险因素可影响现代生产系统中关节疾病的发生和程度。

1. 传染性关节炎 传染性关节炎通常由能够引起败血症的菌血症引起，其组织定位在关节（滑膜炎和关节炎）、脑膜、浆膜表面（多发性浆膜炎）、肺或其他器官。传染性关节炎可发生在任何年龄，但最常见于4～12周龄的猪，种猪也有发病（以后备种猪居多），可能在秋季和冬季更为普遍。临床症状包括发热、跛行、无法起身或移动以及死亡。关节病变包括滑液增多、滑膜发炎、纤维蛋白性动脉周围炎和渗出引起的关节肿胀，有时伴有脓肿。飞节、膝关节、腕关节、肘关节和髋关节是最常受影响的关节（图8-14和彩图41）。

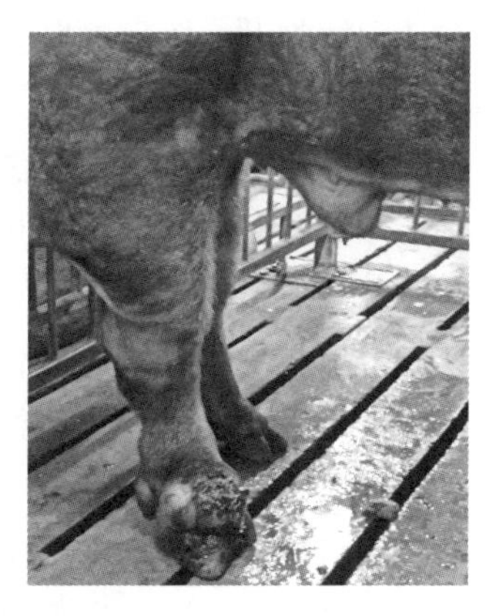

图8-14 公猪感染性关节炎

2. 关节病（非传染性） 关节病有时称为骨关节病或骨关节炎，是慢性关节疾病中发展的软骨非特异性退行性疾病，随着年龄增加患病率增加。这种情况通常被认为是骨软骨病引起的关节不稳定的结果，即关节表面病变充满骨性修复组织。病理变化包括关节软骨破坏、关节表面溃疡、骨生理体的产生、滑膜和关节胶囊的增厚。

（四）蹄趾损伤

1. 蹄趾损伤类型 “蹄”通常指从趾尖到悬趾整个区域。每趾有爪或蹄，通常指角化组织形成的蹄壁、蹄底和蹄踵。蹄趾损伤包括蹄踵、蹄底、白线（蹄底覆盖较小区域，无色素的软壁，形成蹄壁和蹄底的连接）、蹄壁和副趾的损伤。

蹄踵损伤包括呈环形结构类似于组织降解的蹄踵腐蚀，或者类似于伤口的有裂隙的刺激，或者横跨蹄踵的组织分离。

蹄底的损伤也见于挫伤，伴随皮下出血，常见于蹄踵和蹄底的连接部。蹄底的角化过度可能是糜烂和溃疡的延续。

冠状带脓肿（腐蹄病）像冠状带脓肿样病变的蹄叶感染。冠状带以上区域肿胀明显，肉芽窦形成脓性渗出。感染还会侵及蹄和趾的关节，引发严重跛行。

副趾损伤通常发生于母猪和公猪，会造成蹄甲的缺失，常伴有出血和深层组织的感染或是趾变长（过度增长）。

2. 蹄损伤与跛行之间的联系 在蹄部损伤发生感染后，出现严重的蹄踵糜烂、白线裂开、纵向蹄壁裂感染和冠状带脓肿，更易见到跛行。成年公猪更明显。

3. 蹄趾损伤发病率的相关因素 对蹄趾损伤发病率和严重程度的研究已经确定了一些相关因素。其中包括蹄趾的构造，环境特别是圈舍和地板的类型，营养及感染性因素。

（1）趾的构造 大量研究表明趾的大小不一致，侧趾通常比中间趾大，侧趾更易于发生损伤和/或损伤更严重（图8-15和彩图42）。主要原因是侧趾比中间趾承重更大，其承担了75%的体重，同时占损伤的80%。趾大小不一致更易发生在后肢。趾的大小不同可能是由遗传原因造成的。国外通过肢蹄进行评分，进行选育更加合适的种猪，使种猪使用年限得以提升。

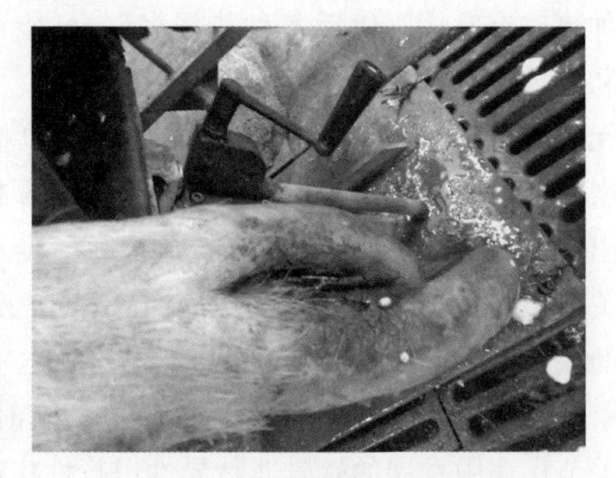

图8-15 公猪趾甲过长

（2）地面类型 蹄趾损伤发病率与地板类型（半漏地板、全漏地板、实心地板）和地板材质（水泥、碳钢）以及表面粗糙程度显著相关。平养条件下，因地面潮湿或尿液不能及时排出，容易导致公猪蹄踵、蹄底糜烂；而漏缝地板容易导致公猪蹄踵剥开、蹄踵/蹄底挫伤。与质量不好的地板上饲养相比，在质量好的全漏缝地板上（粗糙程度适中、平滑，缝边角平整自然）蹄病发病率低。大栏地面卫生状况差或高密度饲养（后备公猪阶段）则会增加趾病发病率和严重程度。脏而湿的地面会使蹄底变软，使其更易受伤。实心水泥地面比漏缝板有更高的公猪跛行比例；跛足与饲养在实心水泥地面、漏缝板的公猪蹄趾损伤、脚踝肿胀相关。老龄公猪比青年公猪更容易发生蹄趾部病变。饲养在大栏的公猪蹄趾损伤发生率比饲养在定位栏特别是全漏缝或半漏缝地板要高。但长期在定位栏饲养可能会导致公猪骨骼与肌肉退行性的跛行。

当前主流是将成年公猪饲养在单个大栏。漏粪面积在1/2左右，实心地面具有5%左右坡度，饮水嘴设置在漏粪地板处，防止积水。水泥pH为7.4～8.3。

体重增加会增加蹄壁损伤的发生，背膘厚度与蹄踵损伤呈正相关。

（3）营养和蹄甲的完整性　蹄表皮的角质化受各种生物活性分子和激素的控制和调节，这些生物活性分子和激素依赖于适当的营养供应，包括维生素、矿物质和微量元素。蹄的质量和功能完整性取决于流向表皮细胞的营养物质。蹄生长所需的营养素包括氨基酸（半胱氨酸、组氨酸、蛋氨酸）、矿物质（钙、锌、铜、硒、锰）和维生素（维生素A、维生素D、维生素E和生物素）。补充生物素的日粮对蹄损伤、蹄壁硬化和脚垫弹性有益处。

二、公猪常见肢蹄病的预防措施

（一）做好猪场建设规划

主要指猪舍地面，应保持适宜的光滑度和坡度，地面平整无坑洼积水、无尖锐物。此外，设置运动场，或者适当增加定位栏的面积，以满足公猪基本的运动需求，保证肢蹄锻炼。

（二）加强饲养管理

保持舍内干燥，及时清理粪污，减少冲栏，控制消毒次数并使用对猪体无害的消毒药。饲喂优质饲料时可视情况额外添加生物素等，以提高肢蹄的健康度。防止饲料霉变，对饲料的贮存和运输加强监管，并适当使用脱霉剂等措施，防止公猪摄入霉变饲料。

（三）加强公猪营养

生物素等维生素缺乏时会导致公猪出现被毛粗乱、皮肤褶皱增加且干燥、皮屑增加、蹄部开裂等。维生素缺乏主要见于饲料霉变、饲料贮存不当、抗生素滥用等。同时，集约化的舍内养殖也减少了公猪从环境和土壤中获取维生素的机会。锌元素的缺乏会引起皮肤角化不全，导致肢蹄变性、皮炎等疾病。钙磷比例失调会影响公猪的骨骼发育，如骨软症、骨质疏松症等，使肢蹄负担加重、肢蹄病发病比例增加。

（四）治疗措施

当公猪感染诸如猪链球菌病、猪丹毒、猪口蹄疫等疾病时，会表现肢蹄疾病。当蹄部出现伤口时，环境中的葡萄球菌、放线杆菌、链球菌等也会发生继发感染，引起伤口化脓，加剧肢蹄病表现。这些情况主要采取抗菌、镇痛和抗感染治疗。可使用安痛定、普鲁卡因青霉素等，按体重计算剂量肌内注射。对于出现外伤或蹄裂的病例，可对伤口清洗后，使用鱼石脂涂抹，滋润蹄部并促进愈合，可配合外用抗生素粉，加强伤口消炎。治疗的同时，需加强对公猪的护理，并保证摄入足够的营养和饮水。

第三节　公猪常见疾病与治疗

公猪站常见疾病主要指细菌性疾病和寄生虫性疾病。除布鲁氏菌外，细菌和寄生虫一般不能穿透血睾屏障进入精液，不直接引起公猪的繁殖障碍疾病和精液质量下降。细菌性疾病和寄生虫性疾病往往与环境及饲养管理水平相关，在日常管理中，除了常规的药物保健和疫苗接种以外，还需要关注猪舍的环境控制和饲喂管理，提高公猪的生活舒适度和健康度，从而有效减少此类疾病的发生。

一、细菌性疾病与治疗

（一）猪布鲁氏菌病

猪布鲁氏菌病由猪种布鲁氏菌感染引起猪的一种以繁殖障碍为主要表现的急性或慢性传染病。

1. 病原学　猪种布鲁氏菌为一种革兰氏阴性菌，营胞内寄生，形态为球形或短杆形。猪布鲁氏菌包含5个生物型，其中1型和3型主要感染猪引起典型的繁殖障碍表现。

布鲁氏菌主要入侵巨噬细胞进入淋巴结，并随之分布进入机体各组织器官，引起细胞死亡导致炎症，出现各种临床症状。布鲁氏菌可入侵胎盘滋养层细胞，发生垂直传播；也可借助巨噬细胞穿透睾丸屏障，引起睾丸炎。

2. 临床症状　猪布鲁氏菌病主要作为一种繁殖障碍疾病存在。公猪感染后引起睾丸肿大，切开有坏死灶，导致公猪无性欲、精液活力下降等。慢性病例导致睾丸增生和实变，触之硬实。部分病猪发生后肢关节炎、跛行等。公猪的感染往往是永久性的，布鲁氏菌可持续存在于睾丸内，并持续产生精液带毒。母猪主要出现流产、返情等繁殖障碍表现。

3. 防控措施　布鲁氏菌是公猪站需要净化并保持阴性的病原。公猪站应将猪种布鲁氏菌的监测列入常规工作项，定期采样进行实验室监测，一旦查明为阳性猪，应立即隔离和淘汰。

（二）猪传染性胸膜肺炎

猪传染性胸膜肺炎由猪胸膜肺炎放线杆菌引起的一种呼吸系统疾病，主要集中在中大猪阶段，引起严重的呼吸困难和生长迟缓，并伴随一定比例的急性死亡。

1. 病原学　猪胸膜肺炎放线杆菌为巴氏杆菌科、放线杆菌属，是革兰氏阴性小杆菌，新鲜病料中的菌体呈两极着色，培养24～96h可呈丝状。其不易分离，需使用新鲜病料和特制培养基。

胸膜肺炎放线杆菌包含有16个血清型，以1、5、9、11型血清型毒力最强，2、3、4、6、8型毒力较弱。我国以1、3、7型流行为主。

胸膜肺炎放线杆菌主要通过呼吸道入侵，且仅能在肺泡和细支气管发生稳定黏附。其主要通过分泌外毒素Apx（*Actinobacillus* pleuropneumoniae toxin，Apx）致病。Apx具有溶血活性和细胞毒性，可引起红细胞裂解导致溶血和血管炎症。

2. 临床症状　传染性胸膜肺炎的临床症状集中在呼吸系统，可分为急性和慢性表现。

（1）急性表现　引起急性表现的传染性胸膜肺炎所释放的Apx具有强溶血素活性，能引起剧烈的血管炎症，使肺脏出现严重的出血性炎症，表现为肺脏肿大、充血，呈“血气球”样，失去固有的肺脏形态。气管内蓄积大量带血泡沫。病猪可因窒息发生急性死亡，死后口鼻流出带血泡沫。病程稍长的病猪表现张口呼吸、喘气、连续重咳等呼吸困难表现，皮肤可因严重缺氧而发绀。

（2）慢性表现　慢性传染性胸膜肺炎表现相对缓和，病猪出现顽固性咳嗽，并持续加重后表现喘气和消瘦等症状。剖检以纤维素性坏死性的胸膜肺炎为特征性病变，肺脏与胸壁粘连难以剥离。

3. 防控措施

（1）环境管理　公猪站需严格做好卫生管理，保持合适的温度和湿度。注意舍内通风换气，保证舍内空气清新，降低氨气和粉尘含量。同时还需要保持合适的饲养密度。良好的空气质量和环境条件能使公猪具有舒适的生活环境，降低应激水平，减轻空气中异物对呼吸道的刺激，对于呼吸道疾病的防控非常重要。

（2）疫苗接种　传染性胸膜肺炎商品化的疫苗包括多价全菌灭活苗和外毒素等细菌成分的亚单位疫苗，也有二者合一的疫苗，其能提供更全面的保护力。公猪群可在群体受到传染性胸膜肺炎威胁时进行接种，也可一年普免2次。

（3）药物治疗　胸膜肺炎放线杆菌对氯霉素类、大环内酯类、氟喹诺酮类抗生素较敏感，对四环素、青霉素、林可霉素类具有较高的耐药性。预防性用药需选择在发病高峰期之前，如16周龄左右，以及春夏高温高湿季节。出现发病时，应在群体加药的同时，重点改善舍内的环境和空气质量。由于胸膜肺炎放线杆菌会引起猪群发烧和采食量降低，可采取饮水给药或注射给药的方式。

（三）猪巴氏杆菌病

猪巴氏杆菌病是猪场常见的一种细菌性疾病，可引起公猪出现多种疾病表现，如萎缩性鼻炎等，是引起猪呼吸道综合征的主要细菌性疾病。

1. 病原学　多杀性巴氏杆菌与胸膜肺炎放线杆菌同属巴氏杆菌科巴氏杆菌属，为革兰氏阴性短杆菌，革兰氏染色呈现特征性的两极浓染现象。

多杀性巴氏杆菌广泛存在于猪体内的消化道和呼吸道，当猪体抵抗力降低或黏膜受损时，即感染该菌致病。其通过释放毒素引起器官组织病变，毒素包括内毒素和外毒素。内毒素是细菌细胞壁的成分，是强烈的致热源，并引起血管内皮细胞损伤导致血管炎症。多杀性巴氏杆菌的外毒素又称PMT，是一种皮肤坏死毒素，作用于鼻甲骨和鼻黏膜引起鼻甲骨萎缩。

2. 临床症状　公猪感染猪巴氏杆菌病的表现以呼吸道症状为主。

（1）最急性型　最急性型猪巴氏杆菌病又称“锁喉风”，病猪因窒息发生无征兆突然死亡，可观察到颈部肿大，切开皮肤可见严重的皮下水肿挤压气管。其致病机理是大量多杀性巴氏杆菌经扁桃体入侵颈部皮下，大量增殖并释放大量内毒素，引起急性炎症和水肿。

（2）急性型　急性型病例出现严重的临床症状，如高热、连续重咳、喘气、张口呼吸、皮肤发绀等。严重病例可见皮肤出血斑点，以及流脓性鼻液。剖检肺脏以出血性和化脓性肺炎表现为主，气管内可观察到大量带血泡沫和脓汁粘连在管壁。

（3）慢性型　慢性型病例主要表现顽固性咳嗽、喘气和渐进性消瘦、流脓性鼻液，并因缺氧导致皮肤发绀。剖检病变集中在肺脏，可观察到肺脏实变和纤维化，并与胸壁发生粘连。

3. 防控措施

（1）饲养管理　首先需要保证良好的舍内空气质量，避免过量粉尘和有害气体对呼吸道黏膜刺激和损伤，应尽可能加强公猪舍的通风换气。其次，合适的温度和湿度可以降低猪群应激，应根据公猪的日龄提供合适的舍内温度，并保证舍内干燥。最后，应根据栏舍类型和公猪日龄设定合适的饲养密度，并提供充足的清洁饮水和优质饲料。

（2）药物治疗　与传染性胸膜肺炎类似，多杀性巴氏杆菌也对氯霉素类、大环内酯类、氟喹诺酮类等抗生素较敏感，而对青霉素类、磺胺类和四环素类抗生素具有不同程度的耐药性。药物保健治疗需要与环境管理相配合，才能达到理想的防控效果。

（四）猪链球菌病

猪链球菌作为一种条件致病菌广泛存在于猪场环境和猪体中，也是一种人畜共患病原。猪感染后，可引起脑膜炎、心内膜炎、关节炎和肺炎等疾病。

1. 病原学　猪链球菌为革兰氏阳性小球菌，可单个、成对或成链存在。猪链球菌有多种血清型分型方法。由于细菌表面荚膜与细菌毒力关联性更大，常使用荚膜血清型。猪链球菌共可分为1～34和1/2（同时含1型和2型荚膜多糖抗原）共35个荚膜血清型。其中以2型毒力最强，是我国的优势流行血清型，7型、9型、3型的流行也呈现上升趋势。

猪链球菌含多种毒力因子参与致病过程。荚膜包裹菌体使其能躲避机体免疫系统的杀伤，并有助于细菌的运动与扩散。猪链球菌表面还含有参与黏附宿主细胞的蛋白，并能分泌溶血素，引起血管炎症，进而导致各种典型病变和临床症状。

2. 临床症状 猪链球菌感染的表现可以分为下述几类。

（1）脑膜炎 猪链球菌可通过引起脑部血管炎症导致脑膜炎，病猪出现倒地抽搐、角弓反张、尖叫等临床症状，日龄越低脑膜炎症状越明显，且致死率越高。症状轻微表现为共济失调、头颈歪斜、流涎等。

（2）关节炎 关节炎是猪链球菌病的典型症状之一，可引起关节滑膜炎导致关节腔内蓄积大量脓汁和坏死组织块，外观关节肿大，病猪表现跛行。

（3）肺炎 猪链球菌急性感染引起出血性肺炎，可见肺脏表面密布大量针尖样出血点。慢性感染时，肺炎以坏死和化脓性表现为主，切开病灶可见内积豆渣样物。病猪因此表现咳嗽、咳血、喘气等临床症状。

（4）心内膜炎 心内膜炎始于猪链球菌对内皮细胞的损伤。急性感染时，引起心内膜出血，严重时波及心肌，引起急性休克导致突然死亡。慢性感染时，心内膜损伤可引起血流中血小板、纤维蛋白等的黏附和聚集，形成菜花样赘生物，影响心脏的泵血功能，病猪由缺氧表现为皮肤发绀、消瘦。

3. 防控措施 猪链球菌常作为一种条件致病菌在环境中和猪体内广泛存在。公猪站应加强环境卫生管理，加强通风管理，及时清理粪污，降低舍内的病原含量。同时保证公猪舒适的生活环境，并提供优质的饲料和洁净饮水，保证公猪良好的健康水平。当存在猪链球菌感染的风险时，可采取疫苗接种的方式进行预防，可根据场内的既往病史和周边流行的血清型情况，选择合适的疫苗；也可分离场内的流行毒株制备自家细菌灭活苗进行接种。

链球菌敏感的药物主要包括β-内酰胺类、头孢菌素、磺胺类、氟喹诺酮类等。出现关节肿、跛行等肢蹄病表现的公猪，由于治疗并不能完全解决行动不便的问题，宜淘汰处理。

（五）猪增生性回肠炎

猪增生性回肠炎是由胞内劳森氏菌感染引起的一种消化道疾病，导致回肠黏膜增生和出血坏死，病猪表现血便和消瘦。

1. 病原学 胞内劳森氏菌是一种胞内寄生细菌，为革兰氏阴性，形态为弯曲弧形或S形，长宽比约为5∶1。胞内劳森氏菌微需氧，不能在空气中存活，极难进行体外分离，尚无成功分离的报道。

回肠末端可能具有最适于胞内劳森氏菌存活的氧气浓度，使其在此定植并大量繁殖。其主要入侵回肠腺窝深处的未分化细胞，这些未分化细胞不断增殖并分化成各种功能性的肠黏膜细胞，入侵的细菌随未分化细胞发生迁移和增殖。被感染的未分化细胞增殖加速3～4倍，且不能完成正常的功能分化，导致肠黏膜增生、消化吸收功能障碍，严重时肠黏膜血管受挤压发生缺血坏死。

2. 临床症状　大多数的猪增生性回肠炎病例呈隐性经过，症状不易察觉，仅表现因吸收障碍造成的粪便松软或水泥样。采食量正常，但生长发育迟缓甚至消瘦。严重的病例才会因为肠黏膜坏死出血引起更加典型的症状，如便血、酱油样粪便，或粪便呈黑色干硬粪球样，以及贫血、苍白甚至黄疸等。病猪体温正常或降低。

3. 防控措施

（1）疫苗接种　有商品化的口服疫苗，可通过饮水添加，接种前后一周禁止使用抗生素。

（2）药物治疗　泰妙菌素、泰万菌素、泰乐菌素、乙酰甲喹、林可霉素、大观霉素等都是比较敏感的药物，可用于猪增生性回肠炎的预防和治疗。需要注意的是，回肠炎应以预防为主，通过拌料或饮水添加药物，加药时间应保持10～14d。

（六）猪丹毒

猪丹毒丝菌是一种腐生菌，能在土壤和环境中长时间存在，可引起猪关节炎、心内膜炎、皮肤坏死等。

1. 病原学　猪丹毒丝菌为革兰氏阳性菌，形态为长杆状或细长丝状。

猪丹毒丝菌主要通过消化道和皮肤伤口入侵，进入血液后，通过表面的多种黏附蛋白吸附于血管内皮细胞造成损伤。大量的细菌黏附聚集引起血管堵塞，加剧局部血液循环障碍，严重时引起缺血性坏死。

2. 临床症状　猪丹毒主要影响中大猪。急性感染时，可因急性心内膜炎导致的心功能不全发生休克死亡，脾脏可呈3～5倍肿大。病程稍长时，局部皮肤发生血液循环障碍导致的淤血、坏死，使皮肤出现一定比例的特征性菱形疹块，皮肤疹块越深，说明血管堵塞越严重。同时慢性病例的心内膜炎也因心内膜的损伤引起血液中血小板等物质的黏附和聚集，形成菜花样赘生物，病猪出现类似皮肤淤血、喘气、消瘦等临床症状。猪丹毒感染也会引起一定比例的关节炎表现。

3. 防控措施

（1）卫生管理　由于猪丹毒丝菌可以在土壤和有机质中长期大量存在，应做好公猪站场区地面硬化，净道污道分开，并将粪污集中无害化处理，排污管道应做好密封。对于水源应持续做好监控，定期清空消毒。

（2）疫苗接种　猪丹毒集中在春夏等高温高湿的季节，可以在发病季节到来之前对公猪群开展免疫接种进行预防。应用较广的猪丹毒疫苗，以与猪瘟、猪巴氏杆菌病的三联弱毒疫苗为主，也有少量种类的单苗。在接种前后一周应控制抗生素使用。

（3）药物治疗 β-内酰胺类药物是治疗猪丹毒的特效药，如青霉素、阿莫西林、氨苄西林钠等。对于典型发病猪可以进行肌内注射，每天两次，连续3d，同时全群加药处理，可以有效控制。由于特效抗生素的存在，配合严格的生物安全和饲养管理措施，可以减少疫苗的使用。

二、寄生虫疾病与治疗

（一）猪蛔虫病

猪蛔虫病是猪场常见的一种寄生虫病。猪蛔虫在猪体内发育和移行，因机械刺激和损伤造成脏器损伤，导致疾病。

1. 猪蛔虫形态与生活史 猪蛔虫为一种大型线虫，虫体呈圆柱形，前细后钝，雌雄同体，成年雌虫长约30cm，雄虫长约20cm，尾部向腹部弯曲。成虫活虫呈淡红色，死后苍白。

猪蛔虫成虫寄生于猪的小肠内，产生大量虫卵随粪便排出，在适宜的环境温度条件（20～28℃）下经3～4周发育成具有感染性的虫卵，被猪摄入后，卵壳被消化液溶解，幼虫逸出并钻入肠壁血管随血液进入肝脏内发育，随后随血流抵达肺脏，并最终穿透血管壁和肺泡壁进入肺脏，移行至咽喉被吞咽重新进入肠道，并最终发育为成虫，吸附在小肠壁。成虫与猪竞争肠道内的营养，引起病猪营养不良。

2. 临床症状 猪蛔虫病主要表现为一种慢性衰竭性疾病。病猪可出现腹痛弓背、磨牙、流涎、异食癖等典型临床症状，还包括顽固性腹泻、一定程度的咳嗽、喘气等，以及由于营养不良导致的渐进性消瘦、贫血、苍白。剖检可在肠道内观察到虫体，以及幼虫在肝脏、肺脏移行导致的“乳斑肝”坏死灶、肺水肿等。

3. 防控措施

（1）卫生管理 虫卵可在粪便、土壤等环境中存活数年之久，尤其是在寒冷季节的冻土中，在环境温度上升到适宜其发育的范围时，即开始大量产生感染性虫卵引起感染。因此，猪场应禁止猪群与土壤的接触，并做好粪污的及时无害化处理，尤其对于具有猪蛔虫病病史的公猪站。应做好公猪站路面硬化，并定期消毒。虫卵也可污染水体、食物等引起传播扩散，公猪站也应关注对饮水和食物的清洗消毒。

（2）药物防控　左旋咪唑、阿苯达唑、阿维菌素、伊维菌素以及敌百虫、噻嘧啶等都对猪蛔虫有良好的杀灭作用，但需要注意用量以降低对猪体的损伤作用。驱虫药仅对成虫、幼虫有效，因而在首次用药后，需经过 6～8 周重新投药一次。

（二）猪疥螨病

猪疥螨病是猪的一种接触性、传染性皮肤病，以表皮增生、毛发脱落为特征性表现，引起病猪的强烈痒感。

1. 猪疥螨的形态与生活史　猪疥螨体型似乌龟，为半透明或浅灰色，背部为隆起的外骨骼，腹部扁平，前部为口器，后部为肛门。腹部有足，幼虫 3 对，成虫 4 对。

猪疥螨寄生在猪的表皮层，以“挖隧道”的方式前进，并将虫卵产在隧道内。卵发育成幼虫，幼虫具有最强的挖隧道能力，随后进一步发育开始区分雌雄。雌雄虫通过分泌信息素聚集完成交配，随后雄虫死亡，雌虫继续挖隧道并完成产卵。

2. 临床症状　猪疥螨挖掘前进的机械刺激，以及其分泌物导致的过敏反应，引起表皮层损伤导致疾病。病猪表现严重的痒感，剧烈蹭痒可加剧皮肤损伤。表皮层因缺乏有效免疫活性成分，因此猪疥螨可以持续存在，皮肤炎症转为慢性增生性，病猪表现皮肤褶皱、皮屑脱落。

3. 防控措施

（1）环境卫生管理　潮湿的环境有利于猪疥螨的生存与繁殖，湿度越低其存活时间越短。同时应做好舍内卫生工作，及时清理杂物，做好器具的清洗消毒。

（2）引种管理　引种时应在隔离期做好后备猪群的体表清洗和驱虫，防止将猪疥螨带入公猪站。一旦进入，即很难清除。

（3）药物治疗　主要通过体表喷洒双甲脒、敌百虫、溴氰菊酯、亚胺硫磷等体外杀虫药，渗入皮肤组织液发挥作用，可用矿物油混合后喷涂。杀虫药对虫卵无效，需在首次用药 7～10d 后，待虫卵发育后，重复用药一次。

主要参考文献

陈傅言，2010. 兽医传染病学 [M]. 6版. 北京：中国农业出版社.

陈浩云，陈红，2008. GB/T 6682—2008，分析实验室用水规格和试验方法 [S]. 中华人民共和国国家标准.

戈新，张守全，王建华，等，2020. GB/T 25172—2020，猪常温精液生产与保存技术规范 [S]. 中华人民共和国国家标准.

国家市场监督管理总局国家标准化管理委员会，2021. GB. 23238—2021，种猪常温精液 [M]. 北京：中国标准出版社.

侯喜昌，袁世泰，申志宏，等，2001. 种公猪最佳运动方式的探索 [J]. 中国畜牧杂志，37 (3)：57-58.

胡良平，1999. 一般线性模型的几种常见形式及其合理选用 [J]. 中国卫生统计，16 (5)：269.

胡良平，孙日扬，2014. 用SAS软件实现因变量为多值有序变量的多重logistic回归分析 [J]. 药学服务与研究，14 (4)：258-263.

黄武光，2015. 智能化猪场建设与环境控制 [M]. 北京：中国农业科学技术出版社.

雷雳，张雷，2002. 多层线性模型的原理及应用 [J]. 首都师范大学学报（社会科学版），2 (2)：110.

刘海良，吴秋豪，张守全，等，2002. NY/T 636—2002，猪人工授精技术规程 [S]. 中华人民共和国农业行业标准.

刘小红，黄翔，吴细波，等，2015. 种公猪站的建设与生产管理 [J]. 中国畜牧杂志，51 (22)：59-65，70.

彭高辉，王志良，2008. 数据挖掘中的数据预处理方法 [J]. 华北水利水电大学学报（自然科学版），29 (6)：63-65.

苏成文，2014. 规模化猪场建设指南 [M]. 北京：化学工业出版社.

孙德林，甄梦莹，乔春玲，2020. 全国公猪站典型调查报告 [J]. 猪业科学，37 (4)：68-73.

孙秀秀，余腾，陈品，等，2020. 广西部分规模化猪场猪伪狂犬病免疫净化效果评估 [J]. 中国兽医学报，11 (40)：2097-99.

王超，2017. 影响公猪种用年限和精液品质的因素及青年公猪营养培育方案研究 [D]. 武汉：华中农业大学.

王锋，2012. 动物繁殖学［M］. 北京：中国农业大学出版社.
王济川，王小倩，姜宝法，2011. 结构方程模型：方法与应用［M］. 北京：高等教育出版社.
王济川，谢海义，姜宝法，2008. 多层统计分析模型：方法与应用［M］. 北京：高等教育出版社.
王琴，2017. 猪瘟防控净化技术研究［J］. 兽医导刊，11：29-31.
王帅，冯迎春，2016. 数据记录与分析在母猪场经营管理中的应用［J］. 猪业科学，33（9）：52-54.
王孝忠，马锐，刘发志，等，2019. 非洲猪瘟防控形势下种公猪站生物安全体系建设［J］. 中国兽医杂志，55（12）：140-141.
王元兴，郎介金，1997. 动物繁殖学［M］. 南京：江苏科学技术出版社.
魏宏逵，彭健，2020. 公猪精液品质营养调控研究进展［J］. 动物营养学报，32（10）：75-84.
吴英慧，2021. 机体中矿物元素含量对公猪精液品质的影响及铁缺乏抑制圆形精子细胞分化的机制［D］. 武汉：华中农业大学.
杨利国，2010. 动物繁殖学［M］. 2 版. 北京：中国农业出版社.
赵茹茜，2020. 动物生理学［M］. 6 版. 北京：中国农业出版社.
周小兵，左涛，翟维智，2018. 公猪站生物安全管理［J］. 今日养猪业，5：25-29.
Alarcon L V，Alberto A A，Mateu E，2021. Biosecurity in pig farms：a review［J］. Porcine Health Management，7：5-20.
Camus A，Camugli S，Lévêque C，et al，2011. Is photometry an accurate and reliable method to assess boar semen concentration?［J］. Theriogenology，75（3）：577-583.
Casas I，Sancho S，Briz M，et al，2010. Fertility after post-cervical artificial insemination with cryopreserved sperm from boar ejaculates of good and poor freezability［J］. Animal Reproduction Science，118（1）：69-76.
Corzo C A，Mondaca E，Wayne S et al，2010. Control and elimination of porcine reproductive and respiratory syndrome virus［J］. Virus Research，154：185-192.
Dämmgen U，Haenel H，Rösemann C，et al，2017. Energy requirements and excretion rates of pigs used for reproduction（young sows，young boars，breeding sows and boars）-a compilation and assessment of models［J］. Applied Agricultural and Forestry Research，67（2）：53-70.
Famili F，Shen W M，Weber R，et al，1997. Data Preprocessing and Intelligent Data Analysis［J］. Intelligent Data Analysis，1（1/4）：3-23.
Foxcroft G R，Dyck M K，Ruiz-Sanchez A，et al，2008. Identifying useable semen［J］. Theriogenology，70（8）：1324-1336.
Gadea J，2005. Sperm factors related to in vitro and in vivo porcine fertility-ScienceDirect［J］. Theriogenology，63（2）：431-444.

Glossop C, 1995. Diseases transmission in boar semen. In University of Minnesota [C] . // University of Minnesota, St. Paul, AD Leman Swine Conference. 22: 97 - 100.

Hernández M A, Stolfo S J, 1998. Real - world data is dirty: data cleansing and the merge/purge problem [J] . Data Mining and Knowledge Discovery, 2 (1): 9 - 37.

Janko M, M K, Maja Z, et al, 2007. Method agreement between measuring of boar sperm concentration using Makler chamber and photometer [J] . Acta Veterinaria, 57 (5/6): 563 - 572.

Kemp B, 1991. Nutritional strategy for optimal semen production in boars [J] . Pig News & information, 12: 555 - 558.

Knox R, Levis D, Safranski T, et al, 2008. An update on North American boar stud practices [J] . Theriogenology, 70 (8): 1202 - 1208.

Prathalingam N S, Holt W V, Revell S G, et al, 2006. Impact of antifreeze proteins and antifreeze glycoproteins on bovine sperm during freeze - thaw [J] . Theriogenology, 66 (8): 1894 - 1900.

Riesenbeck A, Schulze M, Rüdiger K, et al, 2015. Quality control of boar sperm processing: implications from European AI Centres and two Spermatology Reference laboratories [J] . Reproduction in Domestic Animals, 50: 1 - 4.

Rozeboom K J, Troedsson M, Hodson H H, et al, 2000. The importance of seminal plasma on the fertility of subsequent artificial inseminations in swine [J] . Journal of Animal Science, 2000 (2): 443 - 448.

Schulze M, Buder S, Rüdiger K, et al, 2014. Influences on semen traits used for selection of young AI boars [J] . Animal reproduction science, 148 (3/4): 164 - 170.

Smital J, Sousa L, Mohsen A, 2004. Differences among breeds and manifestation of heterosis in AI boar sperm output [J] . Animal Reproduction Science, 80 (1/2): 121 -130.

Tejerina F, Buranaamnuay K, Saravia F, et al, 1997. Assessment of motility of ejaculated, liquid - stored boar spermatozoa using computerized instruments [J] . Theriogenology, 69 (9): 1129 - 1138.

Wang C, Guo L L, Wei H K, et al, 2019. Logistic regression analysis of the related factors in discarded semen of boars in Southern China [J] . Theriogenology, 131: 47 - 51.

Wang C, Li J L, Wei H K, et al, 2017. Linear growth model analysis of factors affecting boar semen characteristics in Southern China [J] . Journal of Animal science, 95 (12): 5339.

Wang C, Li J L, Wei H K, et al, 2018. Analysis of influencing factors of boar claw lesion and lameness [J] . Animal Science Journal, 89: 802 - 809.

Wilson M E, Rozeboom K J, Crenshaw T D, 2004. Boar nutrition for optimum sperm production [J] . Advances in pork production, 15: 295 - 306.

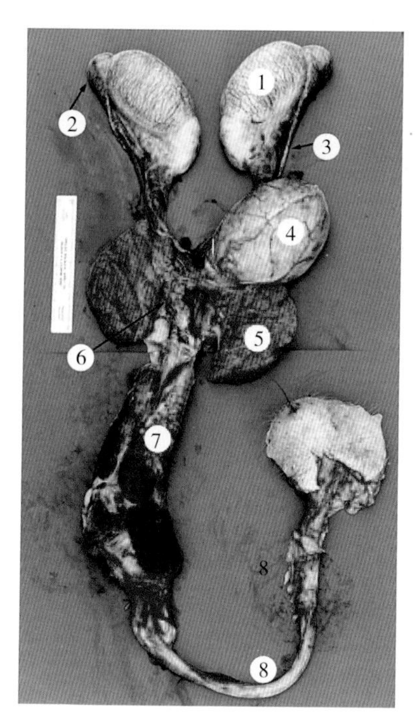

彩图 1　公猪生殖系统

1. 睾丸　2. 附睾　3. 输精管
4. 膀胱　5. 精囊腺　6. 前列腺
7. 尿道球腺　8. 阴茎

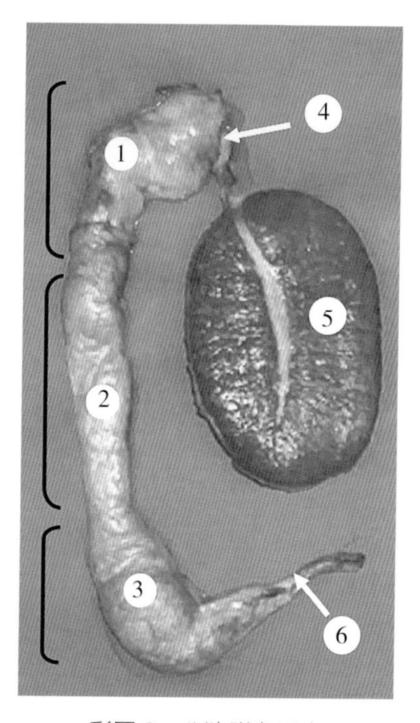

彩图 2　公猪附睾形态

1. 附睾头　2. 附睾体　3. 附睾尾
4. 输出管　5. 睾丸纵切面
6. 输精管

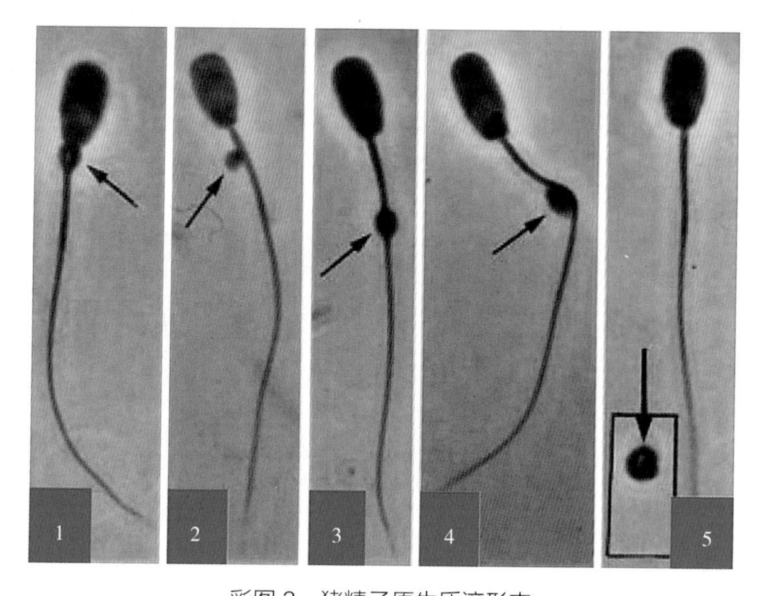

彩图 3　猪精子原生质滴形态

1. 含近端原生质滴的精子　2. 原生质滴在精子中间部位
3. 含远端原生质滴的精子　4. 远端原生质滴的精子在分离前尾巴弯曲
5. 精子与分离的原生质滴

彩图 4　广西扬翔股份有限公司平层猪人工授精站布局图

1. 后备公猪舍　2. 生产公猪舍　3. 生产公猪舍　4. 生活管理区

彩图 5　广西扬翔股份有限公司楼房猪人工授精站布局图

彩图 6　生产区

1. 人员、物资通道　2. 人员、物资洗消间　3、4. 生产公猪舍　5. 料塔

彩图 7　半开放式平层公猪舍

彩图 8　封闭式楼房公猪舍

彩图 9　公猪舍通道

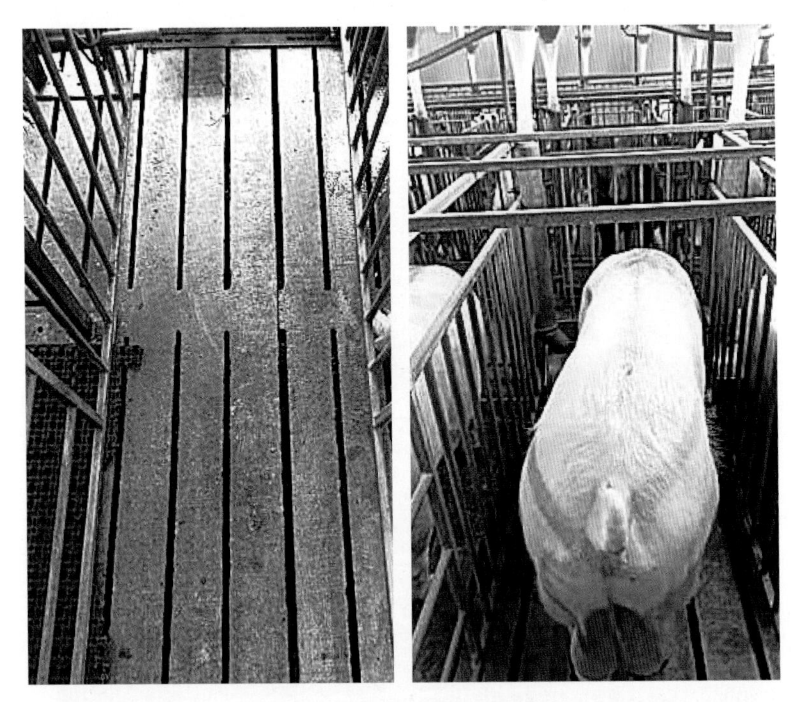

彩图 10　钢筋混凝土漏缝板

彩图 11　生产公猪舍

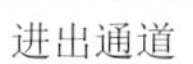

进出通道　　自动采精系统采精区　　采精坑

彩图 12　种公猪自动采精站

彩图 13　种猪智能精准饲喂系统

彩图 14　不锈钢限饲料槽

彩图 15　碗式饮水器

彩图 16　猪舍灯具图

彩图 17　种公猪自动采精系统

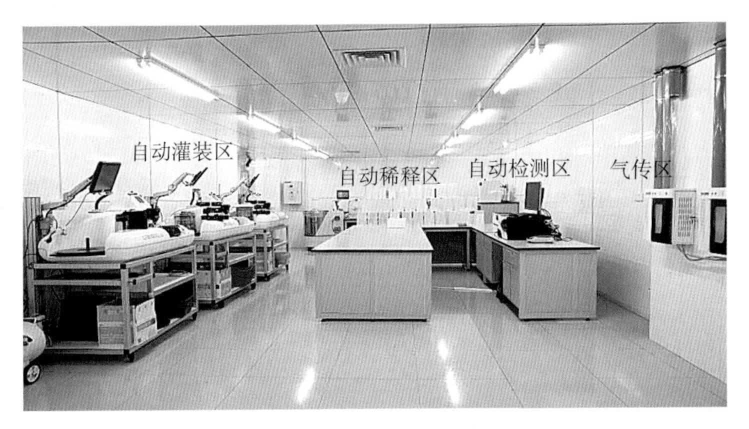

彩图 18　精液处理室

彩图 19　饮水器冲洗（用夹子夹住饮水器可达到冲洗目的）

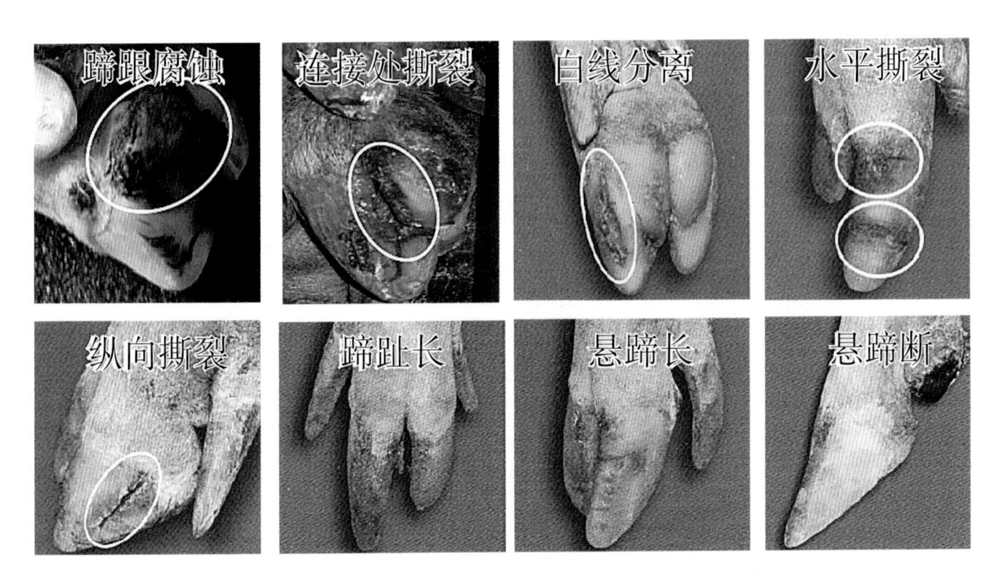

彩图 20　公猪肢蹄损伤类型（部分图片引自金宝公司资料）

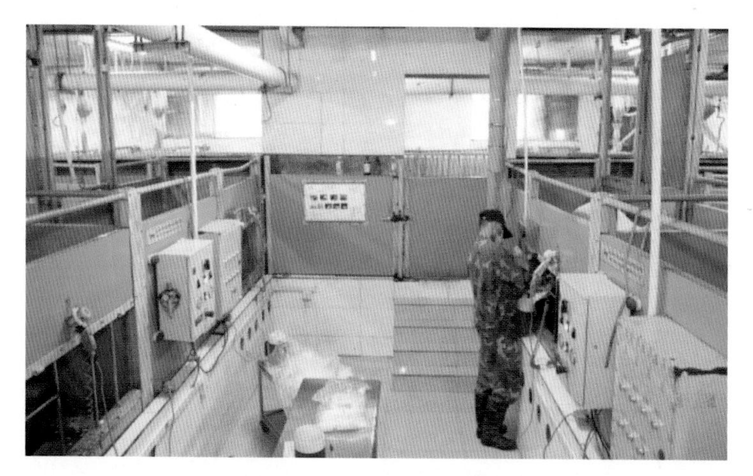

彩图 21　坑道采精模式

彩图 22　假母台

彩图 23　手握法采精

彩图 24　自动采精

彩图 25　正常公猪精液色泽

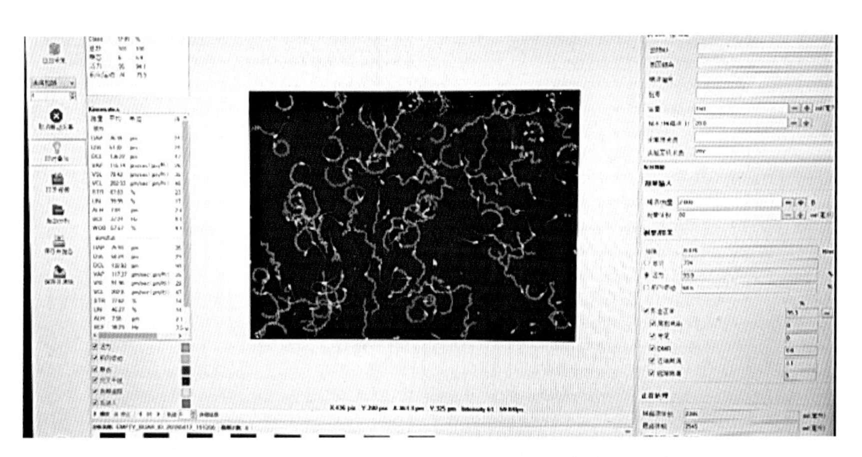

彩图 26　计算机辅助精子分析系统评定精子活力

彩图 27　精液自动分装

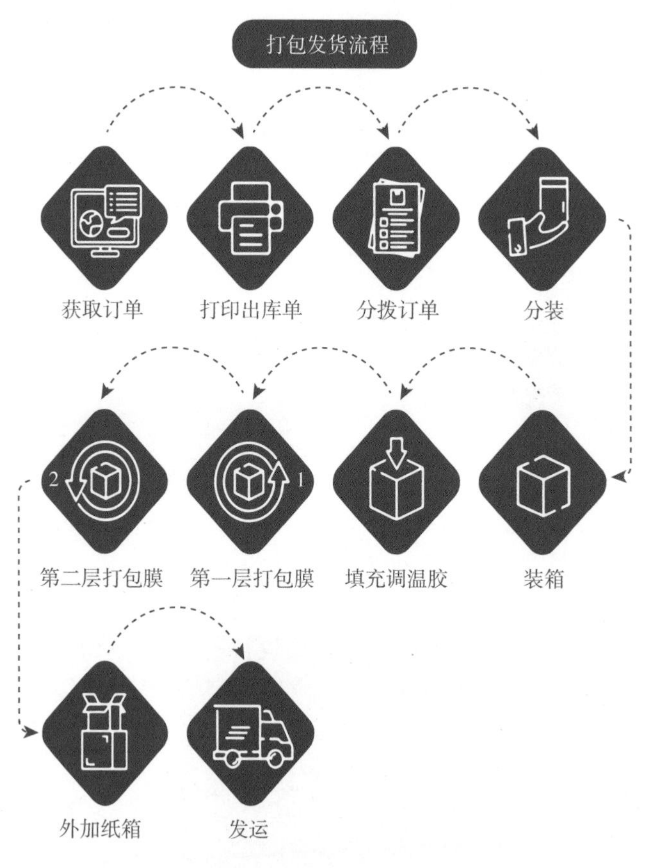

彩图 28　精液包装发货流程

彩图 29　精液智能分拣系统

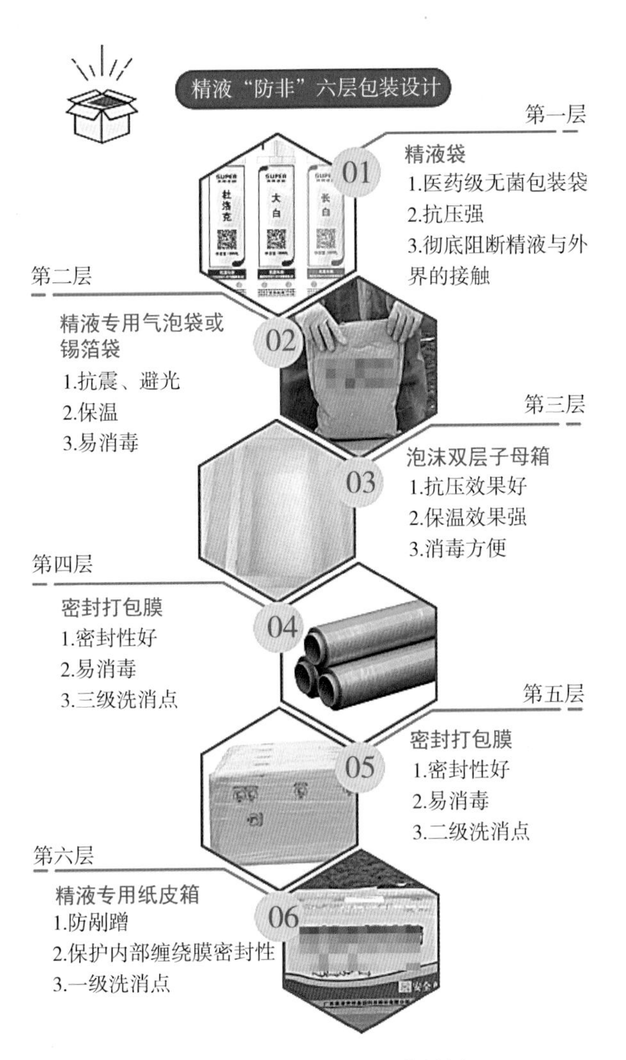

彩图 30　精液六层包装材料

彩图 31　精液物流运输

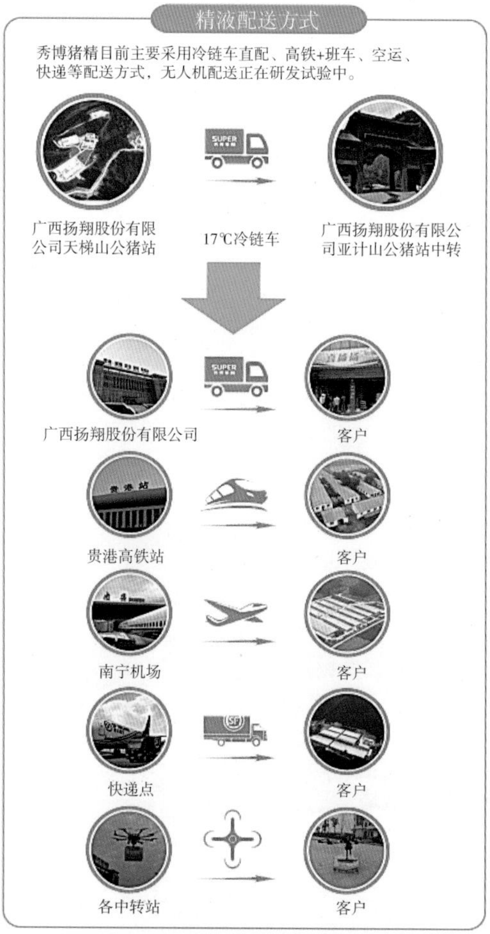

精液配送方式

秀博猪精目前主要采用冷链车直配、高铁+班车、空运、快递等配送方式，无人机配送正在研发试验中。

广西扬翔股份有限公司天梯山公猪站

17℃冷链车

广西扬翔股份有限公司亚计山公猪站中转

广西扬翔股份有限公司

客户

贵港高铁站

客户

南宁机场

客户

快递点

客户

各中转站

客户

彩图 32　精液配送方式（示例）

彩图 33　广西扬翔股份有限公司天梯山公猪站选址

彩图 34　半封闭式车辆清洗房（左）、开放式车辆清洗区（右）

彩图 35　车辆沥水区

彩图 36　车辆烘房

彩图 37　三段式洗澡间

（分色管理，红：污染区；黄：半污染区；绿：洁净区）

彩图 38　食材类浸泡池

彩图 39　物资消毒间及臭氧熏蒸消毒间内镂空货架

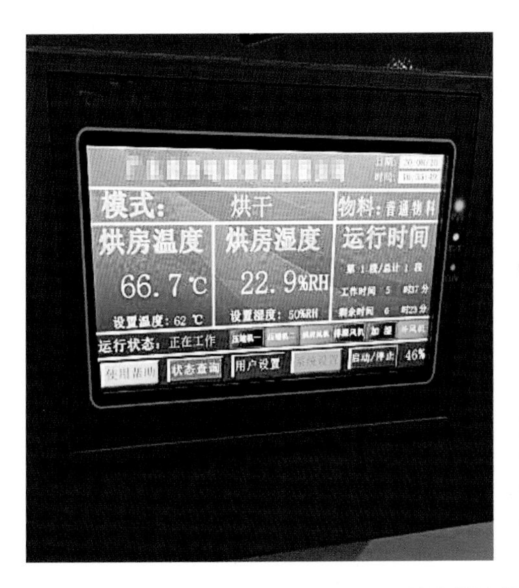

彩图 40　物资消毒间（烘干）温控设备

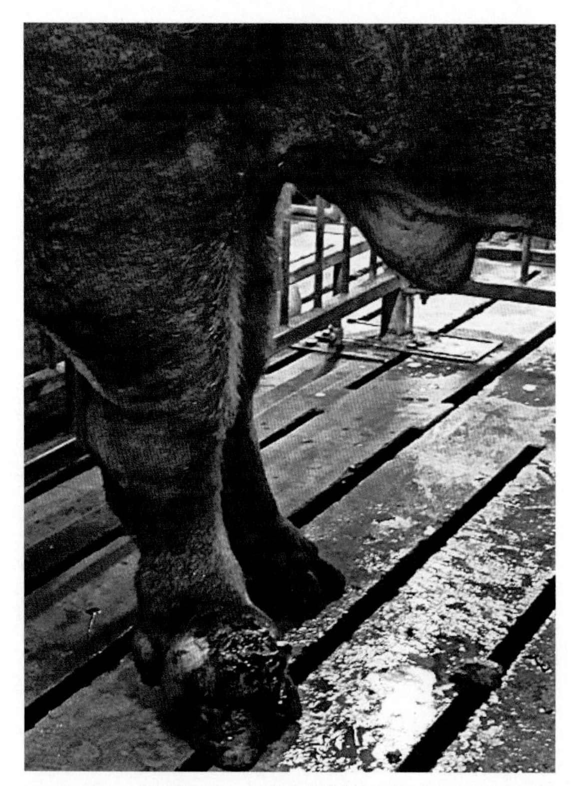

彩图 41　公猪感染性关节炎

彩图 42　公猪趾甲过长